人性十八猜

李春民 著

山东城市出版传媒集团·济南出版社

图书在版编目（CIP）数据

人性十八猜／李春民著. —济南：济南出版社，2019.6（2024.2 重印）

ISBN 978-7-5488-3797-8

Ⅰ.①人… Ⅱ.①李… Ⅲ.①人性论—研究 Ⅳ.①B82-061

中国版本图书馆 CIP 数据核字（2019）第 120598 号

出 版 人	谢金岭
责任编辑	张伟卿　姚晓亮
装帧设计	帛书文化传媒
出版发行	济南出版社
地　　址	山东省济南市二环南路 1 号（250002）
编辑热线	0531-86131741
发行热线	0531-67817923　86922073　68810229
印　　刷	山东百润本色印刷有限公司
版　　次	2019 年 6 月第 1 版
印　　次	2024 年 2 月第 2 次印刷
成品尺寸	148mm×210mm　32 开
印　　张	5.25
字　　数	98 千
印　　数	5001-7500 册
定　　价	49.80 元

（济南版图书，如有印装错误，请与出版社联系调换。联系电话：0531-86131736）

自　序

　　人性，人性，究竟什么是人性？通常来说，它多半用来指爱心、同情心，反对简单粗暴，反对冷漠无情。

　　人性是客观事物，世上写客观事物的书，多如牛毛，不过都是小书，不是大书，是解释大书的。世上的大书不外三种：自然，社会，人和人性。人和人性是我们自己，自然和社会是我们的生存环境。大书没有文字，只有感觉。专门写人和人性的小书虽然也有，不过非常少，因为人性一直是个未解之谜。

　　我对人性这本大书真正感兴趣是退休以后的事，可我并不刻意去看有关人和人性的小书。不是不看，而是翻译的东西不好看，如同云里雾里，不知所云，莫名其妙。于是我想，反正人性是个悬案，全世界都没解决，看也没用。人性人人都有，不看小书，可以看大书，就

1

看自己这本无字的大书。这本大书无比正确，应该比任何名著都权威。于是我就读自己的感觉，也可能是直觉，有空就琢磨，成天琢磨，吃饭睡觉都不放过，一有心得就随手记下，觉得一点不比权威名著更难读。

人性入门很容易，可入门之后就是迷宫，要走出去就难了。

我这个人是一根筋，喜欢什么就会全身心地投入。朋友来信说他退休以后有个"菜篮子工程"，我说我也有个"穷琢磨工程"。我的穷琢磨工程虽然不和权威名著接轨，倒是和日常阅读中的有关人性方面的零星观点相通，很接地气。

我的心得和领悟开始只是幼稚而零碎的，完全没想到后来能出书。心得越集越多，到后来居然发现其中还有个系统和体系，于是越发乐在其中而不能自拔。沉浸在系统和体系中的快乐是无法形容的，正是依靠这种不一般的兴趣，一直走到今天。中间居然还出过两本小书，一本认为人性就是理性对本性的某种控制，一本认为人有两个自己。

两个自己可就是一个动物和一个人了，动物是先天的，人是后天的。就这样，认识的列车于不知不觉中进入了一个新的天地和时空，原来先天没有人，人天生是动物，是动物装人，动物学做人。动物有本性，学着用理性做人。

这个发现使我豁然开朗，给我的认识提供了一个全新的视角，使我置身于一个全新的格局，在这个格局中很多问题都可以有更令人信服的解释。

如争论了两千多年的本性善恶问题就应该不再是问题了。

人既然是动物装的，是动物本性，那么"人之初，性本善"还能站住脚吗？"性本善"站不住了，"性本恶"就能站住吗？一个"恶"字否定了本性，也就否定了动物，岂不连人都否定了吗？

善恶是社会标准，动物是自然界的生物，社会管不了，硬是用社会标准来套，岂不乱套？乱套的结果自然分不清好坏。比如说狗，我们一会骂人是"走狗""狗东西""畜生"，一会又说狗是人类最忠实可靠的朋友，把它当宠物来养。狗究竟是好是坏？动物和动物性是纯自然存在，没有善恶问题，怎能用善恶去套？本性的善恶问题就是硬套，结果怎样？争论了两千多年直到今天都没有明确的结论。

再说人必须有理性。

人先天是动物，没有理性，理性是后天学来的。根据现代学制，一个人如果有能力拿到博士学位，就大约需要用去一生的三分之一时间，这三分之一时间必须是专门用来学习的。这种现象在动物界是绝无仅有的！即使如此，光关起门来学书本知识也不行，还需要到实际生活中去实践和再学习。理性学习是人的终生任务，学无止境，一辈子都不够。这种现象如果不是动物学做人，你解释不了。

由此可见，人性问题不在人性本身，首先在什么是人。什么是人都弄不明白却热衷于讨论人性，不会有什么结果。

虽然人并不等于人性，却为我们认识人性提供了不可或缺的背景和平台。人性有很多模棱两可和似是而非的问题，让人不知如何解释。人性是千古之谜，动物装人不是谜底，但它却为揭开谜底敞开了方便的大门。大门一旦敞开，一切都暴露在光天化日之下：

什么是理性；

本性和理性是什么关系；

人性和环境（特别是社会）是什么关系；

人性在不同关系中是怎样表现的，等等。

只需下好观察和认识的功夫，我想这个谜底应该可以就此揭开。

人性是客观存在，客观存在的事物自有理在，如果不被我们认识，就是永远的秘密。人性的秘密已经够久远了，我们对它的认识也只是我们的猜想和猜测，不一定正确，需要客观验证，这个客观就在我们每个人的心里。

这也是书名用"人性猜"的原因。

提起书名还有个故事。去年我因病住院，手术后的当天夜里我躺在病床上既没有担心病，也没有担心以后的生活，却一心只在我的"工程"上。想定了一个书名就是"人性猜"，再就是它应该有的一些内容细节。我想出院后如果身体条件允许，那应该是上天给我的机会。就这样一直想到天亮，竟然一宿没睡。

人性一直是个秘密，不管我们对它有怎样的认识都只是猜想和猜测，只要有理有据就好。即使这样，是否就能不走样地猜准，也还需要客观验证。客观在哪里？只能是读者。所以后来我把东西发到网上的时候，有人"喜欢"了，有人"收藏"了，有人"评论"肯定了，对我的意义都是非同小可的，既然有人认可了我的猜测，说明我可能猜对了。

从"工程"开始我就感觉势单力薄，希望能与人一起合作，一起研究。遗憾的是找不到这样的伙伴，别说我的朋友、同事、学生，连我的家人和孩子，也没有一个。我注定是个孤独者，只能一个人"独乐"，而无法与人"同乐"。不过这种遗憾终于在网上得到补偿，所以我特别感谢新浪网，也感谢对此有兴趣的读者朋友们！

现在收在书中的文章都是在网上发表过的，多少都得到一些认可，出版成册可以为我这段"工程"立一个标志，以便就教于更大范围的"大书"们。

我对"工程"的热爱，确实到了痴迷的程度：只要没有别的事，脑子里想的肯定就是它。如果我告诉你，这个世界上有个痴心老头，年轻时一事无成，退休后却不知怎么就迷上了天下无解的人性，竟不知天高地厚地天天穷琢磨，一直无间断地琢磨了25年多，超过一万个日日夜夜，其中虽有两次因手术住院也没有一天中断过，终于在88岁路都走不动的情况下写出一本还不一定被看好的《人性十八猜》来，你就知道这个痴老头就是我。

不知情的人总是佩服人有毅力，其实当事人的感受并不为外人所知。现在我除了吃饭睡觉什么也不能干，等于个废人，唯一能做的也就是上网，在键盘上自得其乐，我也正好可以借此摆脱病痛与烦恼。

虽然我没见过别人这样写人和人性，但对我的观点我却深信不疑。不过我也愿意听到各种不同的声音，只要说得有理。人性的探究应该是开放的，垄断扼杀真理，真理拒绝垄断，允许大家各发谬论就好。

说到底这本书只是解释人性的小书，究竟解释得怎样，我愿意听诸位的高见。

作者（联系电话：0532 – 88751080）

2018. 12

目 录

第一猜　动物学做人 ………………… 1

第二猜　什么样的动物 ……………… 9

第三猜　理性 ………………………… 17

第四猜　理的制作 …………………… 27

第五猜　情与行 ……………………… 37

第六猜　理性行动 …………………… 47

第七猜　理性行动分两种 …………… 61

第八猜　理性与条件 ………………… 67

第九猜　锻炼意志 …………………… 75

第十猜　融入社会 …………………… 85

第十一猜　个人与社会 ……………… 91

第十二猜　社会发展的动力 ………… 97

第十三猜　人际关系的实质 ……… 103

第十四猜　好的理性 ……………… 111

第十五猜　好的理性有"内功" … 123

第十六猜　天理本性 ……………… 129

第十七猜　个性 …………………… 139

第十八猜　性格 …………………… 145

猜定打包 …………………………… 149

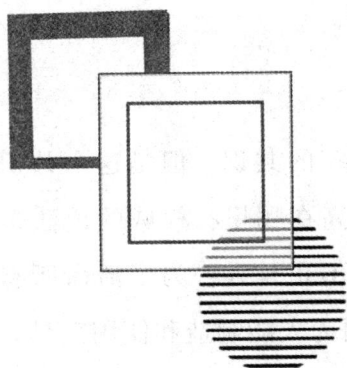

第一猜 动物学做人

什么是人？人是什么？

人是高等动物，这是大家的共识。但是这个共识的模糊空间太大：所谓高等，高在哪里？权威的说法是因为人能劳动。可是能劳动的不止是人，为了活命所有的动物都能"劳动"。又说是因为人能制造和使用工具。可为什么人能制造和使用工具而别的动物不能？

与其这样问，不如换个问法：

和一般动物比，人的最大特点是什么？

（1）

我国是个有着古老文明的国度，从地下考古挖掘中可以看出我们有多么丰富的老文明。不光是我国，世界几个有名的文明发祥地都有多处古文明遗存。文明的发展史就是人类的发展史。从狩猎文明到农耕文明到工业文明，再到现在的信息文明，是其他动物望尘莫及的。

现代文明的发展已经到了连我们自己都难以想象的地步。这些都清楚地表明，人类追求文明，文明是人类的最大特点，是人类的标志。

文明就是创造，就是从无到有，就是房屋、用具、车、船等这些人造物的出现。工具的创造和改良一直到大机器的出现，使人类生产力百十倍地提高，直接促进社会的发展和进步，对文明发展的重要意义更是非同一般。

文明发展的过程中有件大事，就是发明和创造文字。没有文字的时候，教育只能靠一对一的口耳相传，效果有限。有了文字以后，效果大为改观。文字的功能一是帮助记忆，二是帮助积累，三是有利于推广。再好的记忆力也有忘的时候，用文字记下来就可以确保永远不忘。由于认识永远不忘，所以很容易发展成系统的知识。知识越积越多，又掉过头来增强认识能力，人越聪明，本领越大，形成良性循环。

有了文字以后，文字变成文明的载体，我们叫它文化。学习文化其实就是学习我们先人乃至全人类的文明成果。

（2）

为什么人能创造文明而一般动物不能？

创造的功能在大脑，而大脑是动物的大脑。但同为大脑，人比动物聪明。聪明在哪里？一般动物只有感性认识，而人这种动物却发展出了理性认识。是理性认识使人聪明，是理性认识使创造成为可能。

先天没有理性，理性是后天学来的。与学习配套的是教育。人类非常重视教育，对儿童从一生下来就进行教育。儿童教育首先是为了培养社会人，因为刚生下的人是自然人（动物），不是社会人。社会人的最大特点就是讲文明，没有文明就没有社会和社会人。社会不仅有物质文明，还有精神文明，就是言谈举止都要合乎理性。

一个理性认识就把人从动物界提升到一个迥然不同的人类社会。

文明和文化都是客观事物，都有理在，我们都可以通过学习来认识和掌握它们。所谓"学习文化"既是学习文明，也是学习理和理性。客观事物都有理，理是事物的内部秩序和规律。我们所说的理，则是指我们对客观事物的深层认识和态度。理的运用即理性。

人是天生的动物，刚生下来就是动物，要想成为人

4

必须有理性，必须学习理和理性。学习理和理性就是学习文明，学习我们的先人和全人类所创造的文明，使我们成为文明的传承人，让文明生生不息，代代相传。

所以，人的第二个最大不同就是人有理和理性。文明是人的外部标志，理和理性是人的内在特征。理性就是文明。

两人吵架了，争什么？争理。都说自己有理，对方没有理。即使有时自己意识到理亏也不愿承认，于是就强词夺理，甚至讲歪理邪理。他宁肯抓住歪理邪理不放，也不肯落个没理。因为他知道，人要没理就等于没有文明，就不是人，只能是动物。

人是动物，决定于人的身体和生命。既然有动物的身体和生命，必有动物性，和一般动物没有根本不同，不同之处只在人讲文明，有理性。

但是理性不是天生的，是从教育和学习中来的，也是从实践和经验中来的。人是后天用理性认识塑造出来的。动物一生下来就是动物，狗就是狗，猫就是猫，只要饿不死，长大了狗会看门，猫会捕鼠。人不行。如果把一个刚生下来的小孩放在一个非人的环境里长大，连人话都不会说，还是人吗？

人是教育出来的，没有教育他就没有理性。人是模仿出来的，看不到别人的样子，他模仿什么？人是做出来的，没有理性，也没有样子可以模仿，他不知怎么做。他没见过人的样子，没听过人说话，没学过人的文化，只能是个动物，顶多叫他"野人"。

可见人不是一般意义上的动物，人是一种文化，需要教育和学习。没有经过教育和学习的动物和这种文化无缘，也就不可能成为人。这种文化就是理性。

现代人为了获得理性，需要家庭教育和学校教育，如果学到大学毕业，光在学校里就得学 16 年。如果再加上学前的幼儿园和大学后的研究生，该是多少年？如果学到博士后，怕是胡子都一大把了。集中一生约三分之一的宝贵时间专门用来学习，这在动物界是绝无仅有的。

（3）

有了理性就一定是人了吗？

如果一个获得博士学位的人工作以后贪污被发现了，那也只好请他进牢房待着。因为你有了理性却不用，还是按本性行事，不讲文明，就算不上一个正常人，必须另行处理。

对这样的人，人们骂他"畜生"！人只要还喘气，有新陈代谢，就永远是动物，却不一定永远是人。只有当他表现出被社会认可的理性时才叫人。

可见人有两个自己，本性自己就是动物，理性自己才是人。要做人就得按理性做，表现理性，讲文明。说白了，就是动物学做人！动物装人！

说动物"装人"，让人感到刺耳，不如说"做人"。其实"装人"和"做人"是一回事，没有根本的不同。我很长时间都对"学做人"的说法很不理解，心想我本来就是人，怎么还学做人？现在终于弄明白了，原来我不是人，必须学做人。人一辈子都是动物，只有表现被社会认可的理性时才叫人，而这需要学习，是一辈子的事。

所有的动物都是天生的，只有人是例外，不是天生的。人只有一半是天生的，关键的另一半却是人为的。这种情况在动物界是绝无仅有的，人是天下头号"怪物"！

这个"怪物"的一生都在动物学做人的过程中。

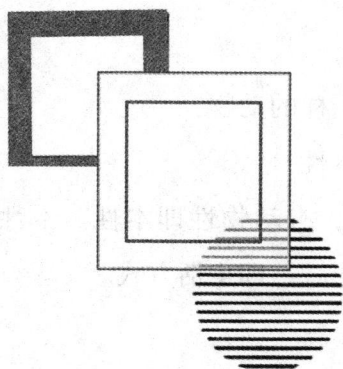

第二猜 什么样的动物

第二猜 什么样的动物

如果没有理性，人是什么样的动物？

或者说，人有什么样的本性？

自然人是两条腿的兽类，有动物性即本性。本性是动物天生就有的行动趋向和形式，即生活方式。

先说动物性本性。

没有吃喝，个体不能活命；没有男女，种族不能延续。吃喝与性是人的两大欲望、两大本性，所谓"食色，性也"。不止是人，这是所有动物都有的根本需求，不须多说。

食与色还有时有刻，呼吸却无时无刻，只要活着就不会停止。

动物性本性还好逸恶劳，即懒惰。在自然界原始人要吃喝，觅食非常辛苦，这就需要一种机制保护身体免受损害，就是好逸恶劳。累了需要休息，是身体的自然需要。

吃饱喝足以后本性还需要娱乐，要玩，还要开心刺激。

动物性本性喜欢自由散漫和舒适，让身心放松，想怎样就怎样，不愿叫人管，但却喜欢管人，有权力欲。

动物性本性还有一个更广泛的自我保护机制，就是"怕"。怕痛、怕累、怕苦、怕死、怕危险，对一切不利于己的事情都怕，使用范围非常广泛。它的作用一是让自己远离危险和不利，确保自身安全；二是提高警惕，严密注视敌情变化，以便及时采取进一步的保护措施。

本性需要行动，由于没有认识，所以只能是由于感情冲动而鲁莽或莽撞地行动。它是怕的另一端，即不怕，因为无知才不怕。纯粹是盲动，不是勇敢，勇敢得有认识，它没有。

本性还贪财，对金钱和物质财富有浓厚兴趣，越多越好，多多益善。

贪婪不止对金钱和物质财富，而是对一切需要。数量多多益善，质量精益求精，没有最好，只有更好。贪婪的意义对不同事物并不相同，令人讨厌的就叫它"贪得无厌"，对我们有正面意义的则叫它"永不知足"。

动物性本性还有一个"对等反应"机制，即心理平衡。你怎样对我我也怎样对你，讲报答和报复，有恩报恩，有仇报仇，毫不含糊。

心理平衡也是爱恨的来源。你对我好，我的利己被满足，就对你产生爱。如果你对我坏，不是利我而是害我，我也会对你产生恨。爱恨都是情，性质相同，方向相反，如同一枚硬币的两面，情是两面一体的。从根本上说，爱来自需要，需要什么爱什么，有什么本性爱什么，本性就是爱，就是情。顺本性生爱，逆本性生恨。

爱恨虽是动物性本性，其社会性功能却远大于它的动物性。对社会来说，没有爱便没有社会，爱是社会凝聚力的重要来源，爱的总量越多，社会越和谐牢固；恨的作用正好相反。所以一切社会都提倡爱。恨的作用也不一定就是负面的，只要爱所当爱、恨所当恨就好，因为社会总有阴暗面，有垃圾，需要恨来清除。

心理平衡要求保持心理的内外平衡，不光是人对我，我对人也一样。如我对人有恩就可能自觉高人一头，对不起人则内心愧疚，有负罪感，极力设法补救。

要说社会性本性，最主要的还是虚荣心，也叫荣辱心。

社会分上下层，是群体内部生存竞争和阶级斗争的结果。上层汇聚了成功者、优秀者和幸运儿；下层则收容了失败者、平庸者和不幸者。上层统治、领导和管理下层，掌握了社会的主要权力、财富和荣誉，是社会的代表。下层支持和供养上层，是社会的基础。虚荣心以上为荣，以下为辱，争荣避辱，尊上鄙下，是"势利眼"，表现在行动上是"向上爬"。因为虚荣心从根本上维护社会的既有秩序，所以社会愿意接受。理性也肯定它为上进心、进取心和积极性，只在不需要的时候才叫它"野心"。

社会性本性非常在乎自己，常常自我感觉良好，过高估计自己，好为人师，骄傲是常态。心理需要骄傲的支持，就像理性需要"相信"的支持一样。即使有不足甚至残疾也可以忽略，而专注于优点。只有因不顺而出现心灰意冷的情况，骄傲才被替代。

社会性本性也很在乎别人的好坏。如果别人好了就觉得这是自己的榜样，见贤思齐，向他学习，就是羡慕。如果别人好了相比之下就是自己差了，也会嫉妒。羡慕是爱，嫉妒是恨。

如果有人遭到不幸，倒霉了，本性或者同情，或者幸灾乐祸，全凭印象的好坏。人都有同情心，同情的对象一般是不幸者和弱势群体。

我们同情不幸者，也就痛恨造成不幸的原因。同情受害者，也就痛恨害人者。这种痛恨叫正义感，也叫"义愤"，是恨所当恨。

良心，顾名思义就是善良之心。不骗人，不害人，与人为善，居心公平公正。

同情心、正义感和良心这三样东西让人感到好像与利己无关，其实不然。别人受苦，我们感同身受，从而担心自己也会遭到同样的苦；别人受害，我们感同身受，从而担心自己也会同样受害，庆幸受苦受害的不是自己！在这种情况下，心理天平的一端被"庆幸"压下，另一端就必须有相同的重量才能压平，于是就有了"同情"或"可怜"。用对外的"同情"来平衡内在的"庆幸"。由此可见，同情心不仅和利己有关，而且正是利己的一种表现。我们既然同情别人受苦受害，自然也就反对造成受苦受害的原因，反对害人的人，于是就有了正义感。反对害人，反对坑蒙拐骗，喜欢公平公正，好心待人，就是良心。由此可见，不管是同情心还是正义感和良心，都和利己有关。

从自身利害考虑，只有在充满同情心、正义感和良心的环境里，才会感到安全和稳妥。三者正是一种间接的变相的利己表现，是利己特意设置在社会性本性中的一种自我保护机制。如果它们不是间接地源自利己，就会成为无源之水和无本之木，那就无法解释了。

最后还有一个选择性本性，首先是爱美。美不光指好看，也应该包括好吃、好喝、好玩、好听、好读等。它们都是美，都为我们所爱，反映了本性对环境有分辨和选择的功能。美是种享受，爱美就是享受美，所以我们对美才情有独钟。

还有个"兴趣"，也就是爱好。兴趣可以是天生的，如果和人的最大潜力相重叠，也有可能就是天才。兴趣也可以后天养成。我们对感兴趣的事容易做出成绩。不过兴趣也会变化，对追求成功的人来说，兴趣贵在持久。

好奇心和求知欲是理性选择的起点。"相信"则是造成理的关键，有相信才有理，没有相信就没有理。

说选择，其实本性就是选择，利己就是选择，趋利避害就是选择，本性就是为选择而存在的。本性还喜欢顺利害怕困难，喜欢快乐害怕痛苦，喜欢成功害怕失败，都是选择。

虽然本性表现很多，方向却就是一个"利己"。个人利益第一！个人第一！利己首先不是个人品质问题，而是人的天性。人都利己，所有动物都利己，植物也利己，利己是生命个体的需要。生命个体需要阳光、空气、水、营养等物质才能存活。利己是生命的特征，是我们身体和心理的根本需要。利己在环境中表现为本性。本性是利己的表现，利己是本性的核心和内涵。

本性需要条件来满足。活着要呼吸，饿了想吃，渴了想喝，空气、食物和水是条件。有条件才有本性表现，没有条件本性无法表现。没有表现的本性处于潜伏状态，是潜能（本能）、潜力、潜意识。

本性是我们的心理矿藏，内涵非常丰富，深不可测，细致入微，我们所列举的只是最常见的一些。说人们有相同的本性，也只是大致相同，并非细微处完全相同，如同说人有相同的身体一样。

由于所处条件不同，本性表现在程度上也有不同，是大同小异，种类相同，程度可能不同。影响程度不同的外部条件是环境（硬件），内部条件是理性（软件）。

本性不变而表现可变，这是本性的一个突出特点。是说本性功能不变，而表现可变。比方利己不可变却可以表现利人，贪婪不可变却可以表现知足，能够改变本性表现的是环境或理性。

人的动物性本性和一般动物是相同的。不过人有"贪婪"，而一般动物不知存储，所以没有。只有少数动物如老鼠、蜜蜂、蚂蚁等懂得存储。

最大的不同是人还有非动物性本性，这是一般动物所没有的。一般动物中也有群居动物，如蚂蚁、蜜蜂，它们的群居性（社会性）完全体现在生理上。如蚂蚁一生下来就有蚁后、雄蚁、工蚁、兵蚁的区别，是"一家人"的不同分工。人的社会性在生理上没有任何表现，全都表现在本性上，犹嫌不足，再拉上理性来帮忙。

即使没有理性，单从本性看，人这种动物也比一般动物要复杂。不过再复杂也还是动物，动物是他的主体和根本。

最后需要说明的是，本性是先天自然性，是自然功能，没有善恶，就和动植物没有善恶一样。用社会道德来界定本性的善恶总归欠妥。

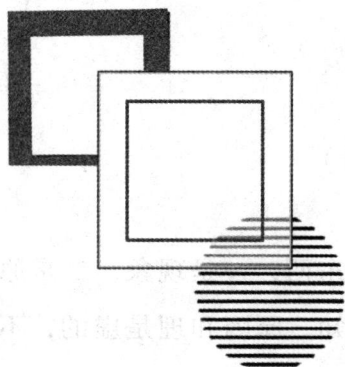

第三猜 理性

（1）

任何客观事物都有两样东西，一是现象，二是原因即理。现象是实的，一看便知。原因和理是虚的，不可见。理是事物的内部秩序，是事物的特点和规律，是事物的实质和原因。事物之所以是这样而不是那样，不决定于事物的表象，而决定于它的理，就像生命基因决定生物一样。理是客观存在，不管你认识不认识，它都那样。

我们要了解任何事物，如果只知道它的表象不认识它的理，就是根本不了解。只有了解它的理，才算是真正的了解。客观存在的理绝对正确，我们对它的认识却不一定。虽然我们要求认识必须客观，毕竟它不可能不通过主观，而一通过主观，就只能是猜想或猜测了。所以我们的认识不能自己说了算，必须经过客观验证。客观存在的理我们不知道，我们所说的理都是我们的认识和猜测。

理不仅是我们的认识，也包括我们的态度，因为我们认识理的目的是为了用它。有没有用，有什么用，怎么用，都涉及态度。态度是主观的，却建立在客观认识的基础上。这样的态度就可以克服主观随意性，而增加其客观可行性。我们对事物的认识和态度都是我们的理。

什么是理性？

我们有了对理的认识和态度，把它落实到行动上，就是理性。按理行动，行动合理，就是理性。用我们的理去解决问题，就是理性。用理去指导本性制约行动，就是理性。本性是主观的，理性要求它必须符合客观，两方面都照顾到了，这样的行动就会无往而不胜。

(2)

我们生存于环境中，环境分两类，即自然环境和社会环境。理和理性也分两类，一类是对自然环境中自然物（也包括人造物）的认识和态度，是自然理和理性，也叫物理；一类是对社会环境中的人和团体的认识和态度，是社会理和理性，也叫人文理。

中学课程里的物理、化学、数学、生物和生理，属于自然理。政治、历史、语文，还有传统的国学，属于社会理。

自然理比较单一，是集中在事物本身的构造、性质和相互关系上，并不涉及人和社会，所以比较好学。社会理就复杂得多，因为人和社会本来就复杂，再加上它们本身也是物质，也有自然理在，所以特别复杂。一加一等于二，是自然理的标准答案，用在人和社会身上就不一定对。有人说等于三，有人说大于二，有人说小于二。虽然这只是智力游戏，不过到底还是可以看出社会理的不确定性。

虽然自然理比较单一，比社会理好学，可是要学好也不容易，学透更不可能。因为事物是客观的，而我们的认识是主观的，属于两个不同的领域，很难彻底沟通。浅层的易得，深层的难求。即使一张白纸，你能彻底认识它吗？你说不就是由植物纤维制造的吗？可是如果进一步问是什么样的植物纤维，你就可能回答不上来。如果再进一步问什么是植物纤维，纤维是怎样构成的，就更难回答了。

现代物理学告诉我们，物质由分子构成，分子由原子构成，原子由原子核和电子构成，那么原子核和电子是由什么构成的？或者不如干脆问物质的最小单位究竟是什么，谁也没法回答。

上帝给我们的认识能力是有限的，这个限度就是"学以致用"。不管学什么，会用就行了，不必再问为什么。我们都是普通人，不是科学家，科学家有科学家的任务，不同于我们普通人的思维习惯。不过自从进入信息化时代以后，作为普通人的我们，虽不是文盲，却很可能成为"科盲"，行动起来照样不方便。

一台电脑，叫我用来打字可以，上网也勉强，但是对它的构造和原理却一窍不通。这样说电脑对我就是一个怪物，尽管我可以用它，对它却只知其一不知其二，并不真正了解。

这种情况很普遍。现在家用电器普及到家家户户，还有微波炉，大家都在用，但是坏了还得找厂家修，自己修不了。上医院看病，挂号和交费往往不用现金而是刷卡。然后少不了要做各种检查，什么 CT、B 超、核磁共振等，也都照做不误。做便做了，真正了解多少，只有天晓得。弄得人有病都害怕上医院，尤其是老年人。

我们认识事物是为了应用，只要会用就算达到目的，便不再深究下去。所以我们对事物的认识并不彻底，永远都在过程中。你别说这不好，这也是我们的聪明处，因为完全彻底的认识是不可能的。

理和理性在自然领域的运用尚且如此，在人文社会领域就更不用说了。所以我们在人文社会领域的认识，常常是比较正确、基本正确就好，从来不追求完全彻底。

人的本性是利己的，但是社会却要求他利人，于是他就在行动上利人，可心里还是利己。如果谁在利人方面做出大贡献，就会受到社会赞扬。如果你因为他利己就否认他的成绩，非要找毫不利己专门利人的才行，有吗？

理性要求按理行事，可是理性并不一定符合眼前的个人利益。为了增强按理行事的自觉性，理性就推出一个法宝来，这个法宝叫"应该"。

如果我们对文明本来无动于衷，一说我们应该讲文明，文明就会成为我们的自觉行为。社会喜欢什么，我们都可以用"应该"把它变成我们的自觉行动。社会喜欢人讲礼貌，遵纪守法，按制度办事，大家互相帮助。如果说我应该讲礼貌，应该遵纪守法，应该按制度办事，应该帮助别人，并且确实付诸行动了，那我就成为一个合格的社会人。

"应该"的威力不光表现在社会领域，也同样表现在自然领域。盖房子应该先打好地基，就是告诉我们盖房子的步骤，只有这样做才正确，才有这样做的自觉性。

应该怎样、不应该怎样，成了指导我们行动的标志。一提"应该不应该"，我们就知道这是理性的要求，照办就是了。而应该不应该只是个笼统的态度，根本不理会是不是完全彻底。

（3）

虽然在应用上我们常抱不求甚解的态度，但这并不影响我们对理和理性的热爱。大千世界万事万物，为什么我们单单看中理和理性，对理和理性情有独钟呢？

因为理是事物的真相和灵魂，十分珍贵，非常难得。事物的表象五花八门，很容易将我们引入歧途。抛开表象深入事物内里，看清事物的真相究竟是什么，才能认清我们周围的环境，满足我们的好奇心，也才能避免上当受骗。这样，理就成了我们的行动指南，有了理的指引，我们就可以少走弯路。如果我们理的质量好，就能保证我们的行动无往而不胜。

我们需要理和理性，这是我们本性的需要。

人是动物，生活在环境中，一刻也离不开环境。人被环境所包围，环境对人有压力，要改造人，改造本性。理性是环境对人的本性改造的结果——这种认识好像也顺理成章，对不对呢？

很难说它不对，但是却偏离事实。

如果环境能改造本性，把本性改造成理性，那么理性建成以后就会取代本性，本性就不复存在了。可事实上本性并没有被取代，只是表现变了，内里并没有改变。

这是为什么？

环境本来让理性改造人，改造本性，由于理性啃不动这块硬骨头，只好退而求其次，改为帮助和指导本性表现。虽然本性没改造了，人却改造了，不是表现本性，而是表现理性。表现本性是动物，表现理性就叫人。

说环境改造人没有错，但是理性改造不了本性，理性能改造的只是本性行动，即表现。

（4）

那么我们是怎样获得理和理性的呢？途径有二：

一是通过实践直接从环境中总结经验得到认识，也就是理。这种方法虽笨，却是最基本的，十分可靠。

二是接受教育从有经验的人和书本那里获得现成的经验，现成的理。这种方法便捷高效。

一个是从实践中获得，一个是从别人和书本上学，这是我们认识的两个来源。从实践中获得认识是根本；书本上的理是别人的经验，经过自己学习和验证才能真正属于自己。

所以我们理性库中的理分两类：一类是我们的经验，也包括经过验证的现成的理；一类是尚未得到验证的书本知识和别人的经验。前者是核心部分，后者是庞大的后备军。正是这两类的理尤其是前者，决定了我们"自我"的质量和精神面貌。

培养人从培养理性入手，改变人从改变理性开始。因为人们受教育的情况不同，经历和经验不同，个人用心和努力的程度也不同，所以人们的理性千差万别，高低好坏都有。

人与人之间的最大差别在理性。如果在关键问题上认识一致，两个素不相识的人也会互相感到亲近，甚至成为同志。如果认识针锋相对，也可能相互仇视。

我们对理性的要求首先是正确，理性不正确不如没有；其次是强劲，理性不强劲，有也没用。

人的一生是追求理和理性的一生。追求就是学习。受教育是学习，实践是学习，总结经验是学习，人的一生都在学习中。生命不息，学无止境。

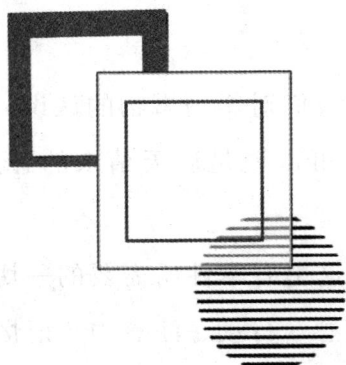

第四猜 理的制作

理性的核心是理，理是我们对客观事物的认识，先天没有，是后天形成的。也可以说是后天请来的客人，这位客人有时也会不请自到。

心理平台是本性的家。这里有本性所需要的一切心理素质，如需要、感觉、情感、行动、注意力、记忆力等。值得注意的是这里还有思维力和悟性。这两种心理素质本性用不着，是专为理而准备的，早就准备好了，理还没到，这里就虚位以待了。可见本性对理的需要是有准备的，实实在在的。和本性一样，心理素质也是我们的心理矿藏，本性是"外需"，心理素质是"内需"，都深不可测。

说叫理在这里安家，可这里并没有现成的房子，只有一些盖房子所需要的材料。这是为什么？因为理这位客人并不一定是现成的认识，也可能只是一些有关理的信息，理要在这里建成，需要盖什么样的房子没有定，客人得根据自己需要自己动手解决，你说怪吧？

还有一点也是怪怪的，这位客人不是一下子住进来的，而是一点点住进来的。因此房子也不是一下子盖成再就不动了，而是一点一点地盖，一直不断地扩建，说不定还要推倒重建。在此安家的理实际是个群体，理群，包括千千万万个理和信息，数都数不清。

　　这里是理的建筑工地，既是加工厂，也是库房和接收站。所有理的制造、储存、接收，都在这里进行。

　　于是这里就有了两户人家，本性是原住户，理性是后来搬进的新住户。地盘和心理素质都是本性提供的，本性是基础和载体，理性是上层建筑。

　　基础和载体是一样的，理和理性却人各不同，而且是个变量，处于不断的变化中，从无到有，从建成到发展包括改建，一直都在变化中。不同人之间的理和理性不同，同一个人的理和理性过去和现在和未来都有不同。

　　人与人之间有身体上的区别，也有理和理性即思想和精神上的区别。身体区别有高矮胖瘦美丑，精神区别有好坏对错深浅。社会看重的是人的思想精神，即人的理和理性，被看作是个人的代表。

　　由此可见，理和理性质量的好坏至关重要。现在要弄清的是，理和理性的质量是怎样决定的？

　　我们已经知道的是，好的理性要求好的教育和个人的努力，个人不光要努力学习别人的经验，更要努力实践，从实践中取得经验。教育和学习是从外边请客人，从实践中总结经验是客人不请自来。但是教育、学习和实践都是外在条件，决定理性质量的还要看内在条件，即心理素质。

好的理性要求好的心理素质，心理素质是由心理平台提供的。心理平台的功能大家都一样，质量的好坏却有很大差别，正是这些不同质量的心理素质最后决定了人的理和理性的质量。

心理素质是个无比复杂而微妙的体系，我们很难全面认识它，只能就几个主要方面做些大致的探讨和猜测。

直接参与制造理的心理素质有四个：注意力、记忆力、思维力、悟性。

一、注意力。

注意力是指把意识集中于一点的能力，也就是我们所谓的"聚精会神""专心致志"。好的注意力的特点是：注意力高度集中，全神贯注，有好效果。我们周围存在着万事万物，注意力很容易分散，注意力一分散，认识就无法形成。为了获得认识，必须能够把注意力集中于一点，这是一种很重要的能力。认识需要深入，越深入越要求注意力高度集中，持久而不分散。注意力不光是先天的，也可以通过后天锻炼得到。好的注意力的培养不能没有后天的努力。

这里所说的集中注意力，是指对相对静止的某一点而言。如果这一点不是静止的而是不断变化的，比方看戏，人被戏吸引住了，想分散注意力都很难，甚至可以废寝忘食。这首先不是注意力而是兴趣，从这里也可以看出兴趣和注意力的关系。

所谓兴趣就是喜欢把注意力用上。我们对什么感兴趣就会注意什么。什么吸引你的注意力，就是你对什么感兴趣了。如果是长期对一件事情有兴趣，喜欢长期用上注意力，这是完成任何一项事业所不可或缺的重要品质。由此可见，兴趣广泛的人在集中注意力上占很大便宜。

注意力是我们心灵的门户，唯一的门户，外界的一切信息进入我们的心灵都要经过它。我们要认识外部世界，了解外部世界，也都要经过它。兴趣广泛意味着注意力的门不只一扇，而是很多扇，门多，涌进来的信息量也多。

或许有人会说，不是还有感觉吗？视觉、听觉、触觉、味觉、嗅觉，五种感觉不是五条接收外来信息的通道吗？

可是你别忘了几个词，一个叫"熟视无睹"，一个叫"充耳不闻"，还有一个"麻木不仁"。什么意思？是说感觉也需要注意的帮助，没有引起注意的感觉是无法进入我们心灵的。可见注意也是选择，没选上，有感觉也白费了。

兴趣在哪里，注意力就在哪里，理也就跟到哪里，在哪里开疆拓土，生根发芽。

二、记忆力。

记忆的功能是储存，储存信息，储存认识和理，储存情感和行动的感觉，储存我们经历过的一切印象。我们之所以能记住，是因为我们曾经注意过。但是注意过的东西太多，大脑盛不下，流失和遗忘是难免的。如果流失过多，把不应该忘的都忘了，也会坏事。所以好的记忆力应该能够记住需要记住的一切。

储存就是积累，积累理性建设所必需的一切材料，这其实就是理性库的功能。记忆力这个理性库既藏有我们理性建设所必需的经验和其他信息材料，也藏有我们已经拥有的一切现成的理。这些库藏既是我们作为现实人的理性根据，也是我们发展自己、接受和制造新理的重要基础和参考。

心理素质有好有坏，记忆力的好坏尤其明显。好的记忆力过目不忘，令人羡慕。坏的记忆力随记随忘，顶多留下一些模糊的印象。好坏都直接影响到认识即理的质量。

三、思维力。

思维力主要是认识力，也是理解力，即接受和形成认识即理的能力。在构成理性的心理素质中，这是最关键也是最复杂的一个。它不是单一的心理素质，而是综合性的，包括分析、综合、抽象、概括、比较、推理、判断以至于想象等多种能力。这些能力犹如一台大机器的诸多部件，可随时根据需要有机地组合起来进行运作加工制造理。

理性库有了，加工制造理的机器有了，注意力也到位了，就等客人来了。

客人来了，如果是现成的理，那就比较简单，门卫是看证放行，我们这台机器却是通过机器验证的。机器开动了，需要验证的东西放进去过一遍，懂了，明白了，理解了，没有问题了，可以放行，接受下来归入理性库即可。

如果客人不是现成的理，而是有关理的一些信息，就需要投入机器加工。加工是一个复杂的过程，比较麻烦一些，但是只要外来信息够用，理性库又有足够的样本可供参考和模仿，也不是太难。巧妇难为无米之炊，最要紧的是外来信息必须足够而且真实。如果信息不真实，或者虽然真实但是数量不够，即使理能够形成，质量也会受到影响。

只有不请自来的客人不担心信息不够。这种客人来自我们自身的行动，行动随身携带着足够的信息，只需通过机器运作，经验就会得出。经验是我们从自身行动中得到的认识和理，是行动和体验在心理机器中加工形成的结果。这种经过自己切身验证过的认识，最贴近自我，是自我的核心。

外来客人也可以走行动变经验的路，那需要经过"实践"和"实验"，也是"学以致用"的意思。凡是经过自己切身验证过的认识，都可以成为自我的一部分。

由此可见，对认识的验证有两种，一种是心理验证，一种是行动验证。只有心理验证没有行动验证的认识，可以是我们的认识、我们的理，不过和自我还不完全是一回事，还是"别人的"东西。如果这种认识能落实在行动上，贯彻于行动中，就能真正成为我们自己的东西，成为自我，成为我们理性的核心和基础。

思维力的诸多能力中最重要的是推理。推理讲的是逻辑，事物的因果关系。有什么原因就有什么结果，是事物的必然性。事出有因，万事万物都有因果关系，原因之上还有原因，结果之下还有结果，这是佛教最看中的一种心理素质。严密的逻辑性是思维力的最高境界。

四、悟性。

思维力的最高境界不仅在逻辑的严密性，还在悟性。悟性并不仰仗按部就班的攀登，而是来自"灵感"的飞跃。有人说悟性就是"直觉"，也有人说是"顿悟"，也有人说是"第六感觉"。如果说科学讲逻辑，那么悟性是在科学之外，也可以用来弥补科学的刻板和不足。

以上这四种心理素质中，思维力和悟性为人类所独有，一般动物没有，它们顶多可以有好奇心。人有了这四种心理素质，就能够帮助我们形成对事物的认识。

心理素质有好坏，直接影响我们认识的质量。好的心理素质是好的认识的根本保证，是造物的恩赐，应该知道感恩。心理素质不好如同天生残疾，也只能自认倒霉，后天尽量设法弥补。

认识是经过我们自身验证的，我们自然相信它。因相信而有情，因有情而有动力，因有动力而有行动，因有行动而可以进一步验证或修正它。这就是我们的理和理性。

我们要获得理性，不光需要健康的心理素质，还需要受教育，需要学习，需要实践和经验。好的心理素质要求有好的外部条件配合，需要内外条件互相作用、互相补充。

心理素质是矿藏，如果不加开发，再丰富的矿藏也无用。开发程度的大小，是另一个决定性的因素。两个因素，一个是先天的，一个是后天的，缺一不可。光有先天的没有后天的，是白白地浪费资源，令人遗憾的是这种浪费几乎到处都有！先天虽有不足，只要后天努力，有限的资源也能得到充分利用，也就没有遗憾了。

理性是精神，产生于心理素质。心理素质产生于心理，心理产生于身体，而身体是物质。精神产生于物质，是个无比奇妙的过程，很难彻底破解。精神既已产生，也可以反作用于物质，极大地影响物质，但却永远不能脱离物质。

人阅历越多，见闻越多，理性越丰富，越有智慧，俗话说："姜是老的辣。"理性跟人一辈子，人应该越老越聪明。但是事实却不尽然，也可能正好相反，要不为什么老人常常被称为"老糊涂"。因为人老了，心理素质差了，机器磨损坏了，记忆力不行了，注意力也不行了，思维力和悟性都大不如前。在这种情况下，别说"老糊涂"，"老年痴呆"都有可能！

老年夫妻闹别扭闹矛盾也很常见。年轻时理性能有效地控制本性，年老了理性乏力了，控制不了本性。所以到点了要退休，就是叫你有"洋相"在家里出，别出在外边。

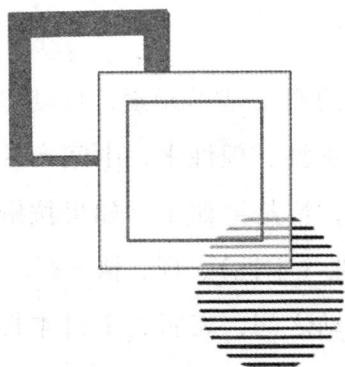

第五猜 情与行

本性和理性是构成人性的两个基本元素，行动是第三个。但是行动不能直接从本性、理性来，中间衔接不起来，能够衔接它们的是情，情是第四个。如果按顺序排列，这四个元素应该是：性（本性）、理、情、行。

情处于本性、理性和行动之间，表明它来自本性和理性。

（1）

本性利己，情起于利。本性是静态的，情是动态的。本性要行动时就是欲望，欲望就是情，就是动力，本性情就是本性的动力。作为动力，情又兴奋又冲动，蠢蠢欲动。情是行动的原因，行动是情的结果。

我们对"食色"有情，对金钱和物质财富有情，都是引起行动的原因。好逸恶劳是情，贪婪是情，虚荣心、爱恨、同情心、报答、报复等全都是情。有什么样的本性就有什么样的情，本性是情的大本营和根据地。所有的本性表现都起于本性情。

情是两面一体的，正面是爱，反面是恨。爱从利己来，利己被满足而心生感激，因感激而回报以爱，谁满足我我爱谁，什么满足我我爱什么。恨从害己来，谁害我我恨谁。

本性在环境中的遭遇不论多么复杂多变而不可测，归根结底也就是一顺一逆，顺本性生爱，逆本性生恨。本性情就是本性的爱恨。有爱恨就要行动，这时最难驾驭，也最危险，所以需要理性的帮助和控制。但是理性有这种力量吗？

（2）

理生于信。相信是情，理性情，越坚信不疑，情也越深。同样的理，如果你不相信，就没有情，一旦你相信了，就有情。理因相信而有情，就有力量去干预本性。

本性情平常叫"人情"。因为我们的本性不光是动物情，也包括非动物情，如虚荣心、同情心、正义感、良心等，所以人情不是一般的动物情，而比动物情高。人情高于动物情，却低于理性情，处于动物情和理性情之间。

在社会生活中仅仅靠本性、本性情即人情是不够的，虽然本性中也有社会性本性，还是不足以从根本上解决问题。社会关系太复杂多变，必须有理性的帮助才能化解各种矛盾和冲突，以使大家和平友好相处。理性是本性的需要，本性需要理性的帮助和服务。从理性角度看，人情虽然不能不讲，但它确实存在一些低级庸俗的东西，应该用理性情予以纠正。不过当我们用理性情取代人情的时候，会发现有一定难度，因为人情深入人心，理性情要想改变它，必须力度比它更强才行。

理性情要改变的不止于情（本性情、人情），还有行。情也需要表达，表达虽然不一定是行动，口头表达也可，毕竟程度不同，不如行动更令人信服。如果只是"口惠而实不至"，光靠甜言蜜语而没有实际行动，也可能是骗人。所以我们老祖宗才告诉我们要"听其言而观其行"。说到底还是，情要落实于行。

(3)

理性情要落实于行动成为理性行动，这不是问题，问题是这个理性行动是个什么样的理性行动。还有什么样的理性行动呢，不都一样吗？你马上就会知道，就是和我们想象得不一样。理性行动不一样，形成的过程也不一般。

情是动力，行动靠动力，动力有强弱，本性情强表现为本性行动，理性情强表现为理性行动。所以理性行动要求理性情必须强于本性情。

如果没有情，理性干预本性不知从哪里下手。本性是天生的，理性无力改变它，对静止状态的本性，理性无能为力。这时的理性可以进行自我充实和自我建设，对本性却无可奈何。坐在书斋里学习理性，对人要有礼貌，不要骂人打架，是不算数的，能够落实到行动上才算数。如果你只能做到对人有礼貌，骂人打架还改不了，那么你的理性就只能是对人有礼貌。书斋里要解决的是"知道"了，而理性要解决的是"做到"了。光说不做不行，理性必须落实于行动。

对静止状态的本性，理性的机会有限，只能空口说教；什么时候本性要行动了，理性的机会就来了，这才是理性的真正机会。这时一个是本性情，一个是理性情。理性对本性的服务表现为"跟班服务"，就是紧跟本性，引领和改造本性。由于本性是块硬骨头，理性啃不动它，只好囫囵吞枣，用理性行动"并吞"它，犹如洪水裹挟泥沙。这样表现出来的虽然是理性行动，内里却涵盖着本性。这就是说，理性不能改造本性，但理性情却可以通过改造本性情来改造其行动，所得到的理性行动也不是单纯的理性，而是涵盖着本性。

理性不能改造本性，理性情和行动却可以改造本性情和行动，这是种非常奇特的现象。现实例子很多，对此我们早已失去奇特的感觉。如本性利己不能改造，理性却可以让它表现利人，利人的目的是利己，人是为利己而利人的。没有无缘无故的利人，利人总有目的和原因。如果要问利己能不能改造呢？说它能改造，是说它的表现；说它不能改造，是说利己本身。

再比如嫉妒，能改造吗？嫉妒就是恨，很容易伤害人。理性可以教它不恨别人而恨自己，为什么自己不争气。于是就有了上进心，努力赶上别人。表现的是上进心，心里还是嫉妒。能够改造的是嫉妒的表现，改造不了的是嫉妒本身。

这就是一个道理：本性不能改造，但其表现可以改造。理性不能改造本性，但理性情可以改造本性情，理性行动可以改造本性行动。理性行动改造本性行动，不等于理性改造本性，并不一样。

应该怎么理解这种现象呢？还是打个比方。比方自来水管和它里边的水，水管和压力好比理性，水好比本性，龙头开关好比情。当开关没打开的时候，水是静止的，水管和压力对它无可奈何。一旦打开龙头，有了情的参与，水管和压力对水的作用便显示出来，水便喷射而出。如果龙头对准远处，喷出去的水会形成一条抛物线。为什么不是一条直线？因为水性向下。直线喷出是水管和压力的要求，水性向下是本性的作用，两者综合的结果就只能是一条抛物线。

本性的表现可变，可本性本身不变。这好比吃桃子，果肉可以吃，核不能吃。这就是本性的特点。在本性面前，理性既有用武之地，也有它无能为力之处。正是本性的这个特点，造成了理性行动不是单纯理性的第一个原因。

(4)

理性行动之所以不单纯还有第二个原因，源自于理性在人性中的定位。

其实就是理性与本性的关系。理性是本性的需要，理性是为本性服务的。本性是基础和载体，理性是上层建筑。本性是理性的出发点和落脚点。本性只管对内利己，对外视力却极差，只能看到表象而看不到实质，所以需要理性帮它认清环境包括社会。如果没有理性的帮助，本性在社会上寸步难行。理性是本性的领路人、导师、帮手。本性有了理性的帮助，就知道在社会和环境中应该怎样不应该怎样，就能在适应社会和环境要求的同时，也保护自己不受损害，从而达到真正的利己，可见理性也是本性的保护人。

理性是本性的领路人和保护人，这就是理性在人性中的定位。

与此相反，传统认识让理性与本性为敌，要消灭本性，是错误的。本性既反感理性与它为敌，也不需要理性不顾社会反对而讨好自己，本性只需要理性的帮助和保护。

理性首先要认清自己在人性中的定位，只有这样才能有效地发挥它应有的作用，不走邪路。

虽然社会不喜欢利己，但利己并不是本性的错。人是动物，动物都利己，这是自然赋予动物的生理和心理功能，是自然人的天性。现在的问题是，在社会环境里本性不知怎样才能真正地利己，常常做蠢事害了自己。只有理性能够帮助它，教它按社会要求表现，学会利人，通过利人来实现利己。理性就是这样把利己要求融入自己行动中去的。

本性是理性的服务对象和保护对象，理性不可能扔掉本性单独表现自己，它是在本性基础上表现自己的，不涵盖基础的上层建筑是不可想象的。

（5）

　　没有单纯的理性行动还有第三个原因。

　　行动必有动力，动物是一个动力，人有两个动力，因为人有理性。

　　走远路肚子饿了，正好路旁有饭店，兜里也有钱，进去吃就行了。如果没有饭店，兜里也没有钱，这饭就吃不成。肚子饿了是一个动力，叫本性原动力。光有这个原动力不行，还必须有理性现动力。什么是理性现动力？理性现动力首先要有条件。饭店是条件，钱是条件。有了条件还要根据条件采取可行的方法，也就是付钱吃饭。动物只有一个本性原动力，虽然也需要条件，得有食物才能吃，可只是吃现成的，方法简单不用动脑子。人的高明处就在于能根据条件想出适当有效的方法采取行动，人的这种能力就是理性现动力。原动力是行动的原因，现动力是行动的可能，二者密不可分。

　　人除非不行动，一行动就要看有没有条件，有没有方法，有条件有方法才有行动。喝水得有水和杯子，知道怎么喝。吃饭得有饭和碗筷，知道怎么吃。写字得有笔和纸，知道怎么写。逢有行动就是两个动力。

　　小事大事都一样。据说在武汉修长江大桥的想法很早就有了，一直没有成为事实，直到新中国成立后的1957年才成为现实。这是长江上第一座大桥，建于龟山与蛇山之间。1913年詹天佑就曾指导规划过，民国政府也勘探设计过三次。从选址勘探到规划设计所花的时间，是实际动工建造的20倍。可见武汉长江大桥的理性现动力的形成有多么不易。

现实的需要和大家的想法是几十年前就有的本性原动力。可真要干起来，这么浩大艰巨的工程谈何容易，理性现动力岂是轻易可以得到的？已经建成的武汉长江大桥就是两个动力的体现。

三个原因得到的结果是共同的，可以用一个公式来表示：

本性＋理性＋条件——涵盖本性的理性行动

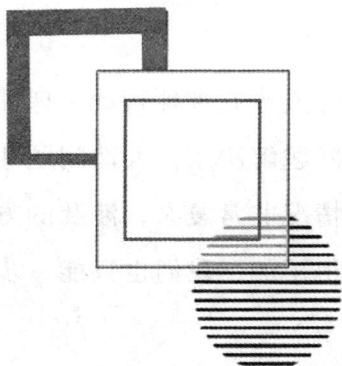

第六猜 理性行动

动物只有本性行动，只有人才有理性行动，理性行动是人性的核心问题，核心问题解决了，人性问题才能最终解决。但是理性行动的情况非常复杂，涉及的方面很多，不是一下子能够解决得了的，我们也只能一步步地来。

　　人在环境中生活，行动自然是在环境中的行动，是人与环境的互动，一方面是人，一方面是环境。这就使行动分为两类：一类是你听我的，一类是我听你的。你听我的就是环境听我的，我是主动，环境是被动；我听你的就是我听环境的，环境是主动，我是被动。我们不妨就从这里说起。

（1）

　　你听我的，我是主动。

　　这方面的例子太多，到处都是，穿衣、喝水、吃饭、看书、写字都是。这些都是理性行动吗，怎么好像本性行动？就是理性行动。穿衣先要有衣服，就是条件，然后要有方法，根据条件采取适当方法的行动就是理性行动。喝水得有水有杯子，用杯子喝。吃饭得有饭有碗筷，也得会用。看书得有书、会看，写字得有笔和纸、会写等。这些行动起初都得学，只因为我们已经熟练，习惯了，所以做起来非常轻松。

这些都是我们身边的小事，小环境，主动全在我，我想怎样就可以怎样。那么大环境呢，还有主动吗？比方出门坐车，车站有车，上车站去等，不是被动吗？可是习惯了，并不觉得被动。

被动的感觉只有在碰到困难时才会有。比方被一条大河挡住去路，没有桥也没有船，可我还非过不可。在这种情况下，当年大庆工人中被称为"铁人"的王进喜有句话"有条件上，没有条件创造条件也要上！"就用上了。俗话说："逢山开路，遇水搭桥"，那就动手搭桥便是。"创造条件上"充分显示了人的主观能动性，非常可贵，有大用，很多惊天动地的壮举都是"创造条件"干出来的。

不过也有限制。创造条件也需要条件，如果没有也无法创造。搭桥也得有材料，没有材料也不行，最后还是被条件卡住了。没有条件你想主动也主动不了。所以说到底，人在环境中的主动性不可能不受条件的限制。

（2）

因为受条件限制，所以我听你的，我是被动。

我们的周围都是环境，我们在环境的包围中，我们经常处于被动中。我们的被动就是本性的被动。

本性利己，可社会要求我们利人，于是理性就教我们为利己而利人。社会只在意人的表现，不管他的想法，有利人的行动就通过了。你是利人了，可利己没有了吗？——藏在心里。

本性懒惰，可生活不答应，也不被社会看好，理性就叫我们劳动。我们就在劳动中找窍门，少出力多出活，改良工具，提高劳动效率，受到人们的称赞，甚至还可能评为劳动模范。懒惰还有吗？——融入理性行动中了。

本性嫉妒，就是恨，不让人待见。理性教我们别恨人家，恨自己，为什么自己不争气。于是我们就有了努力赶上去的动力，有了上进心和积极性，得到大家的夸奖。嫉妒还有吗？——它摇身一变而成为理性。

本性贪婪，不被社会看好。理性教我们不把贪婪用在生活享受和物质财富上，而用在学习和工作上。于是我们就努力学习，积极工作，果然得到大家的称赞。贪婪还有吗？——它换个立场成为理性。

本性不知足，理性教它比上不足比下有余，就知足了。不知足呢？——换个思路成为理性。

我被欺负，本性要报复，理性用冤冤相报何时了劝阻我。我原谅了对方，他因此对我特别好。报复呢？——后退一步，推出理性。

利己的人小气。你小气，人家也对你小气。理性教人大方，你大方，人家也对你大方。小气呢？——从背后推出理性。

本性骄傲，不被看好。理性就教人放下架子，和颜悦色，做出谦虚的样子。谦虚是装的。骄傲呢？——就藏在理性背后（也有真正的谦虚，是在自觉不如人的时候）。

本性怕苦怕死，"怕"是自我保护机制。可理性告诉我们，为了更大的利益需要勇敢，于是就冒着危险上。还怕吗？——怕。因为认识到危险才怕，虽然怕也要上，这才是勇敢的真正含义。一般认为勇敢就是不怕，其实不对，无知才不怕。知道有危险没有不怕的，除非傻子。

还有一些本性，如爱、同情心、正义感、良心、报答、羡慕等表现，一般与社会要求一致，直接并入理性行动就行。还有选择性本性如爱美、兴趣、好奇心、求知欲、相信等，更与理性一致，都可以直接并入理性行动。

　　天生的自然性本性有很多在社会行不通，有了理性的帮助就可以了。对有些本性表现，一开始社会并不喜欢，甚至厌恶，经过理性的调理和改造后，统统都可以接受，而且还颇受欢迎。为了使本性能在社会行得通，理性进行了分析、算计、权衡，然后做出适当决断，付诸行动。不过由于理性也有好坏，情况并不相同，所以好坏也有不同。我们以上所说，是以好的理性为代表。

　　本性是利己的表现，表现虽然可变，可是功能不变，要么藏在心里，要么躲在背后，要么融入甚至直接并入理性，都在理性行动中发挥着或大或小的作用。这样就使理性行动内含本性。

　　被涵盖在理性行动中的本性因为完全让理性给包装了，所以丧失了它原来的样子。本性的样子虽然变了，但它固有的功能却还保持着，不过由于受到理性行动的冲击，也可能会有某种程度上的变化。不管是否变化，都在理性行动的管辖之内。这就是理性情对本性情的改造。理性不能改造本性，但是理性情可以改造本性情，把本性情改造为理性情和理性行动，而理性行动内含本性。能改造的不能改造的，都在这里了。

　　理性行动的这个特点对我们有重要意义。传统认识向来认为本性恶，自私、嫉妒、贪婪、懒惰、报复等更是极恶。现在看来，即使本性再恶，理性行动也能把它们一一化解，变恶为善，变消极为积极。不怕原动力有错，理性行动都能把它纠正过来，让它适应社会。事实说明，理性行动有能力改造本性的所有表现，从而使本性恶的论调失去最后依据。

（3）

理性行动的这个特点告诉我们，本性是天性，是无法改变和消灭的，理性也奈何不了它。但是社会不答应，社会不喜欢本性原汁原味地表现自己，必须让它接受当时社会文明对它的改造。

理性虽然不能改造本性，但理性情可以改造本性情，理性行动可以改造本性行动。理性行动对本性行动的改造，其实是涵盖，是包装。理性行动涵盖和包装本性，让它表现出理性的样子。原汁原味地表现不行，包装成理性的样子，社会就满意了，就可以接受了。

但是传统认识却与此大不相同。我们受传统观念影响，通常认为理性行动就是表现理性而与本性无关。如我们平常所说的"克服缺点"，就是说有缺点可以用理性克服掉，并不觉得有问题。

其实缺点有本性缺点，也有理性缺点，并不一样。

理性缺点可以克服，本性缺点克服不了。

什么是理性缺点？认错人了，对不起，就过去了。办事方法不对，没办成，改变方法就了。多次失败也不灰心，从头再来嘛，总有成功的一天。这都是说的理性缺点。

本性缺点呢？比如人都利己，利己能克服吗？谁不利己呢？你再关心人帮助人，你的内心还是利己。虽然没有表现，可心里有。

利己无法克服，好色无法克服，懒惰、贪婪、嫉妒，所有的本性都无法克服。除非没有条件，一有条件它们都会表现。不让本性表现也可以，不给它表现的条件就行了。爱吃喝的叫他没钱，好色的不给他接触异性的机会。用理性控制也可以，不过必须理性够强，否则也控制不了。控制只是不让它表现出来，不是克服，而是包装。

本性缺点无法克服，说用理性克服它，其实是用理性行动包装它。

本性缺点克服不了，其实大家也都心知肚明，可是只要不表现出来，也都一样跟着说克服了。这种虚伪一直存在着，是传统理性带来的。对人性的传统认识还有很多问题，只要涉及，我们会随时予以解决。

（4）

因为理性要求我们按客观规律办事，所以理性行动就是从被动中争取主动。我们前边在"你听我的，我是主动"中提到的理性行动都是从被动争取主动。只要是理性行动就是从被动中争取主动。

起初的理性行动让人感到被动，那为什么后来会感到主动了呢？因为熟练了，习惯了。行动因一再重复而熟练，而使感觉消减和迟钝，这就是习惯，习惯的力量很强大，可以比本性还本性。入芝兰之室，久而不闻其香；入鲍鱼之肆，久而不闻其臭。身在福中不知福，身在苦中不知苦。一再重复，时间长了，香臭都闻不出来了，福和苦的感觉也不明显了。

习惯是不自觉的自觉。即使还没习惯，只要你自觉去做，情愿去做，都会成为主动。因为对我有利，所以我愿意听你的，我是自觉的，情愿的。自觉和情愿就是意愿，有意愿就有主动，从没有意愿到有意愿就是从被动争取主动。

本性是我们行动的原动力，本性原动力属于动物，一般动物都有而且是唯一的动力。人不同于一般动物，是因为人有理性，是两个动力，还有个理性现动力。理性现动力要根据客观条件采取适当方法来行动。本性原动力是人的行动的原因，理性现动力则是行动的形式。

对"通情达理"这个词，我很长时间不埋解，觉得"达理"就很好了，怎么还得"通情"？现在终于明白，理性行动内含本性，这不是情是什么？社会不喜欢原汁原味的本性表现，我们就用理性行动包装它，于是就有了通情达理。

通情达理是从情到理，从被动争取主动却是从理到情。理性行动都是从被动争取主动，不管环境对我们有利还是有害。

中华民族近百年来的最大灾难和耻辱，就是被邻国侵略，差点沦为日本的殖民地。面对强敌，我们没有屈服，而是坚持抗战，一方面是国民党的正面抵抗和撤退，一方面是共产党八路军坚持敌后斗争。敌人虽然强大，可是一手捂不住天，不可能没有薄弱环节。只要有薄弱环节，我们就可以避强就弱地开展斗争。战略退却就是避强就弱。"敌进我退，敌驻我扰，敌疲我打，敌退我追"的打法，更是当时游击战的典型打法，非常有效。

环境再困难，我们却可以充分发挥主观能动性，从被动争取主动。除非困难是铁板一块，没有缝隙和弱点。

（5）

一提理性行动我们就觉得好，理性行动一定就好吗？不一定，也有很多不好的。

如果我们的理性不强，控制不了本性，就会有本性行动发生，骂人、打架、嫉妒、报复等都是。不过，如果并不轻易动手，而是经过一番策划，看机会行事，那可就是理性行动了。

战国时期庞涓和孙膑的故事是大家所熟悉的。庞涓因为嫉妒他的同学孙膑的才能，就利用他辅佐魏王的机会，砍去孙膑的双腿。后来孙膑被齐王所救，遂率领齐军攻魏，把魏军骗至马陵，用乱箭将庞涓射杀，终于报仇雪恨。

理性行动是由条件和方法决定的，是中性的，不一定就好，也可能不好。好与不好要看用来干什么，对人和社会有利还是有害。本性是理性行动的原动力，如果理性不顾社会反对而讨好并放纵本性，这样的理性行动就是负面的。本性经不住放纵，庞涓之所以遭到人们的指责，其原因就在于此。

于是传统观念放话了：人类行动错误的根源在本性，本性恶人才恶。本性是万恶之源，必须予以消灭。

不用别人打，自己和自己打起来了，自己要消灭自己了。本性是理性的基础和载体，如果消灭了本性，理性将立足何处？怎么可能有这样没有根底的理性！

　　利己为生命所必需，消灭利己就等于消灭生命，生命都消灭了，还有人吗？本性是自然人的本性，是自然领域的东西，无法消灭。自然的东西没有善恶，硬用社会标准去要求自然是不讲理。唯一需要的就是让理性来帮助本性，引领本性，这是理性的责任，是理性在人性中的定位。事实证明，人不怕本性不好，理性完全可以让它有好的表现。千万别说本性不好，理性哪里去了？

　　不知道自己的责任，没有一定的方向，这样的理性怎么能好呢？说本性不好，其实是理性有问题。如果理性没有问题，本性不可能不好。

　　人类的一切错误表现都是理性的责任，理性不好，不怨本性。好的理性是帮助和引领本性的，放纵本性和消灭本性的理性都是错误的。

　　人类已经认识到的理性错误已经够多，但是在人性上的理性错误却一直未被认识，仍是传统观念的一统天下，这不能不说是个遗憾，天大的遗憾！

（6）

理性是文明，理性行动是文明表现，文明表现不好的原因在理性。

遗憾的是，传统观念一直把本性看成是万恶之源，把一切坏事全推给本性，而不追究理性的责任。越是不能改变的本性越要叫它改变，越是理性应该也能够负责的却不叫它负责！

传统观念的这种偏袒和怂恿理性的态度，造成非常严重的后果。

一是理性丧失责任心，二是理性建设被削弱。这两条加在一起，就造成社会道德的滑坡和败坏。其后果必然是文明发展的副作用增大，以及人越来越不可靠。人越来越急功近利，不计长远，迷茫浮躁，互不信任，相互设防。楼层越盖越高，居住条件越来越好，却找不到一颗平静的心！

人为什么需要理性？理性是人深入的认识和态度。认识出能力，态度出德行。能力没有自己的方向，需要德行来驾驭。建立在认识基础上的态度，能力和德行是配套的，所谓"德才兼备"。人不怕有能力，只要德行能跟上，能力越大越好。可怕的是能力虽大，但德行不好。

如果态度不务正业，一心想要消灭本能，德行怎么会好，不出问题才怪！

现代教育也存在问题，只注重知识和能力的培养，德行培养不到位。至于为窃取"高学历"而不择手段的做法，就更不值一提。

可以说德行的缺失，在我国也是时代病。

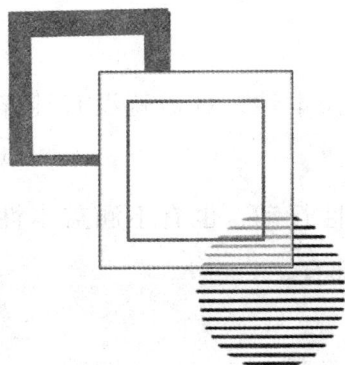

第七猜　理性行动分两种

为什么理性行动必须涵盖本性，难道就没有纯粹的理性行动吗？

有。既有涵盖本性的理性行动，也有不涵盖本性的纯粹的理性行动，两种情况都有。

为什么会这样？

因为出发点不同。一种是从本性出发，以本性为基础的理性行动；一种是从理性出发的纯粹的理性行动。

我们在上两猜中，都是说的从本性出发的理性行动，所以都内含本性。其实理性行动不一定从本性出发，也可以直接从理性出发，结果就是纯粹的理性行动。

本性＋理性＋条件——→涵盖本性的理性行动

理性＋条件——→纯粹的理性行动

不管本性怎样，完全按理性要求做，应该怎样就怎样，这样的理性行动就是纯粹的理性，并不涵盖本性。纯粹的理性行动之所以可能，是因为它不经过本性，没有本性意愿，而直接按理性要求行动。

法官断案，以事实为根据，以法律为准绳，秉公处理，没有私情，就是纯粹的理性行动，并不夹带本性。因为有这样的理性行动，所以人才能大公无私，才有"包青天"。尽管人都有私，做事却可以大公无私。大公无私属于刻意而为，有意地控制私情，是一种修养和品质。公务员也都有私，工作却可以按规定按政策秉公处理，不徇私情。我想这也应该是"天下为公"的意思。

　　公与私是个人和社会关系的一个重要方面，但也只是一个方面。个人和社会还有上下关系，还有大小、强弱、亲疏、长幼等方面的关系。面对这种错综复杂的社会关系，人必须从实际出发，从理性出发，而常常不能从个人出发，从本性出发。

　　从本性出发的理性行动有两个动力，一个本性原动力，一个理性现动力。开始本性想要单独表现，社会不允许，就让理性包装它，这才有涵盖本性的理性行动。

　　直接来自理性的理性行动只有一个动力，理性既是原动力又是现动力。不是本性要表现，而是理性提出要求，所以和本性无关，是纯粹的理性行动。

　　不从个人出发，不从本性出发，而从工作出发，就是纯粹的理性行动。

　　一般动物只有一个本性动力，而人有两个动力，不过人也可以只用一个——理性动力。这个理性动力不仅比本性动力高，也比两个动力高，因为它不受本性的牵连和羁绊，是纯粹的理性。

同是理性行动，因为出发点不同，一个不纯，一个纯。

这种纯粹的理性行动，由于没有本性的羁绊，只是单纯的认识，发展比较迅速，在制造业和自然科学领域被广泛应用，极为普遍。制造业讲究严格精确，一丝不苟，而手工操作容易出差错；用机器代替手工，代替人的理性行动，不仅可以提高效率，还可以减少误差。这种纯理性行动使机器取代人成为可能，让人的能力得到空前的发展。现代人不光在陆地上活动，还可以上天，还可以下海，靠什么？都是靠机器。人可以驾着机器去完成，也可以遥控机器，让这个无生命的东西自己单独去完成。

用机器取代人力和人，使生产电气化、自动化和信息化，是现代生产的方向，也是文明发展的方向，前景无限广阔。

这样说来，和纯理性行动比，不纯的理性行动还有存在的价值吗？

从本性出发的理性行动，虽然不是纯粹的理性，也自有它的价值。它的最大价值，就是能够帮助本性在社会环境"软着陆"，成为社会动物。可以设想一下，如果没有它，人能顺利地成为社会动物吗？人的本性虽然也有社会性，却没有足够力量成为完全合格的社会动物。要想成为完全合格的社会动物，必须有理性的帮助，也就是涵盖本性的理性行动。

两种理性行动两个用途，一个帮助本性融入社会，一个帮助人从环境争取更多的自由。

纯粹的理性行动由于摆脱了本性的拖累，被机器所取代，使自然科学得以迅猛发展。20 世纪有了核能的开发和利用，就是一个突出的进步。核能如果能和平利用，确实可以极大地造福人类。但是开始是用来制造原子弹这种大规模杀伤性武器的，也不能不说是个遗憾。不过到底还是帮助提前结束了战争，也是一种贡献。

现在的核武器用于战争，可以毁灭整个人类！之所以用了一次谁也不敢再用，是因为你有我也有。我怕你，你也怕我。我们现在的和平，就是建立在互相害怕的基础上的。谁也不能保证有一天人类不会自己毁灭自己。人既能杀人，也会自杀，就完全有这种可能，的确存在这种危险！

人类追求理性，理性创造文明，文明却可能毁灭人类！

错不在文明，而在人性。人性有病，早就病了，不过并不厉害。由于现代科技迅猛发展，才使病情急剧加重，以至于拿核武器互相威胁。你敢用吗？你敢我就敢！
这不是发疯吗？

人类面临着生存危机！这不是中国的问题，而是世界性问题。

现代科技为人类创造了丰富的物质财富，让穷人致富，让富人享受不尽，但是内心却并不平静，不是提心吊胆，就是恐惧不安。

自然科学已经有能力毁灭人类，而社会科学却无力保护人类。自然理性突飞猛进，社会理性停滞不前，我们的理性呈畸形发展状态！

人类已经没有别的路可走，根本出路可能就是改造人性，改造现有理性！自然理性没有问题，问题出在社会理性特别有关人性部分。本性没有问题，问题出在如何看待本性。

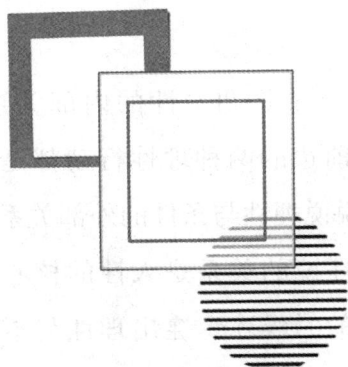

第八猜 理性与条件

理性行动有两个关系，一个是和本性的内部关系，一个是和条件的外部关系。前边的两种理性行动都是说的内部关系，这一猜要专门说说理性与条件的外部关系。

　　人生活于环境中，人与环境的关系是人性的核心问题，人用理性和环境打交道的时候才牵连出理性与本性的关系来。首先理性行动必须符合环境要求，其次才是理性行动是否受本性影响。

　　这样说，那么条件就是环境吗？

　　"条件"一般用于泛指，但对理性而言，它只是环境的一部分。和理性无关的环境不是条件，和理性有关的才是，条件是指对理性有用并有可能为理性所用的那部分环境。

　　为理性所用，就是理性能利用它。理性利用条件时，要根据条件本身的特点，给出行之有效的方法来行动。理性行动虽然也受条件的制约，不过最终条件还是可能为理性所用。理性的威力充分显示在对条件的利用上。

讲一个故事，是 20 世纪湘北的一个山村发生的事。有个村民，我们就叫他村民某吧，有小偷小摸的毛病，被族人看作害群之马，族长将其右手剁掉，撵出村子。1931 年闹土匪，绑走村里三个小孩，土匪提出用一百块大洋来赎。于是全村上下砸锅卖铁凑足了钱，却没有人敢去赎。村民某闻讯表示愿意前往，只是提出条件，要家族接纳他。族长答应了。村民某上山的第二天，三个小孩果然回到村里，但是村民某没有回来。原来土匪不讲信誉，收了钱却不放人。村民某趁给土匪烧菜时下了毒，怕土匪怀疑，他当面尝了菜，结果土匪和他一起被毒死。

　　村民某的事迹感动了全村上下，谁也没料到一个积习难改的小偷竟能成为一个见义勇为不怕牺牲的英雄！

　　是什么成全了他？

　　是条件。土匪是条件，绑架小孩是条件，族长的答应是条件，一切都是条件。没有这些条件便没有他的英雄行为，是条件成全了他，使他从一个被人嫌弃的小偷变成一个被众人敬佩的英雄。

　　为什么条件能够成全他？

　　因为他有好的理性。条件是客观存在，无所谓好坏。条件再坏，只要理性能驾驭就行。好的理性不仅表现在救人上，也表现在有办法上。土匪再刁，再难斗，只要有制服土匪的办法就不怕。只要理性能制服条件，不怕条件不好。

谁都认为缺吃少穿的贫穷是坏条件。村民某为什么会成为小偷？还不是因为穷。如果他不穷，要什么有什么，还用偷吗？小偷是贫穷造成的恶果。但是贫穷就一定要偷吗？也有很多出身贫穷的人有大出息，这又是为什么？因为贫穷也可以成为个人奋斗的强大动力，起码可以帮助人养成吃苦耐劳的好习惯。谁说穷就一定不好？面对贫穷，既可以人穷志短，也可以人穷志不穷。

一般情况下条件没有绝对的好坏，坏条件也可以使人变好，好条件也可以使人变坏，关键在理性。条件的好坏只是一方面，理性是更重要的另一方面。

虽然村民某被罚被撵出村，可他并没因此而怀恨在心，他一定觉得自己是罪有应得，非常后悔。他最不能忍受的是被家族所抛弃，恐怕不亚于剁去一只手。回归族群回归家族是他唯一的愿望。但要回归，积习不改不可能，他肯定下决心要痛改前非。这大概就是他的想法，如果不是这种想法，就解释不了后来的事情。

只有这样的理性，碰上这样的条件，才会出现这样的英雄，才使一个小偷变成英雄。

原来的村民都是好人，特殊情况下换了条件却没有一个敢出头去赎人的。什么是好人？好人是现有条件中的好人，换个条件未必就好。村民某本来是个小偷，在特殊情况下换了条件竟成为英雄。什么是坏人？坏人是现有条件中的坏人，换个条件未必就坏。所以千万不可以把人看绝，好坏一看理性，二看条件。

条件没有绝对的好坏，但是理性有好坏。如果理性没有问题，那就看条件。条件是现实的，现实让村民某死在见义勇为上，他是被现实定格为英雄的。

也许有人会问：如果英雄没有死，回归家族以后，就一定会好吗？他可能会是一个怎样的人呢？是一个洗心革面痛改前非的好人呢，还是一个积习难改旧病复发的小偷呢？

我们评价人的好坏只能根据现实和事实，不能想象。现实就是现实，没有"如果"，现实和事实高于一切。村民某已死，已经定格为英雄，一切形形色色的"如果"只好免谈！

我们已经知道理性行动不怕本性不好，好的理性可以驾驭一切本性使之有上好表现。对条件也是一样，好的理性也不怕条件不好，只要它能对付得了就行，就可以利用它来达到自己的目的。

理性可以利用条件，这只是理性与条件的一种关系。理性与条件还有另一种关系，就是理性跟着条件变。

理性是我们对客观事物的认识和态度。条件是客观事物，是硬件，理性是软件，硬件决定软件。首先是认识条件，然后是站在条件立场上行事。结果就是，有什么条件就有什么理性，理性跟着条件变。这才是理性与条件的原始关系，是理性与条件关系的基础。

同样一件事，上层和下层的看法可能不同，有钱和没钱的看法可能不同，一线和办公室的看法可能不同。存在决定意识，条件决定立场，立场决定想法。地主和雇农贫农的想法不同，雇主和雇工的想法不同，也是阶级立场的不同。社会永远有分工，有上下层，有前后方，有脑力劳动体力劳动的区别，都是条件的不同。

条件是理性之外的客观存在，完全无视理性，不以理性的好恶为转移。如果一个人理性不行，条件顺利（顺本性）尚可，一旦有困难和麻烦，有坎坷和挫折，就投降了。只能顺不能逆，只能上不能下，只能富不能穷，只能好不能坏，只能表扬不能批评，对这样的人，我们认为他太嫩，太幼稚，缺乏理性。

没有理性的人在社会上无法立足，社会不喜欢这样的人。社会喜欢人能上能下，不怕成功也不怕失败，不管顺利还是坎坷，富有还是贫穷，他都不怕，都能扛住。但要做到这些，并不容易，必须有好的理性。没有好而强劲的理性，人不可能在任何条件中都有好的表现。

孟子提出的"富贵不能淫，贫贱不能移，威武不能屈"，是大丈夫的标准，符合好的理性标准。

　　谁都知道富贵是好条件，谁都想富贵。但是如果没有好的理性，富贵了人也容易腐化堕落，富贵也就变成坏条件。有多少爬上高位的官员贪污腐败，难道他们当初就道德败坏吗？如果当初他们就不好，怎么可能爬上高位呢？好汉不提当年勇。当初再英雄，如果你理性不好不强，经不起权力和金钱的诱惑，也照样栽跟头。

　　台下是考验，台上更是考验。某些国家的"民主选举"让我们看清一个事实：在台下的时候批评台上，理直气壮，振振有词。可自己上台以后怎么样？从前反对的正是现在喜欢的，从前喜欢的正是现在反对的。屁股决定脑袋，地位决定想法，地位变了人很容易就跟着变，不再是从前了。

　　温室里的花草经不起风霜。没有经过严酷条件考验的人，很容易自我感觉良好，自视甚高。自古以来的读书人，在没出道之前很多都有"怀才不遇"的情绪。其实究竟有才无才，有多少才多大才，自己也心中没数。凡是没经过条件考验的能力和品质，想象得再好也是空的，并不可靠。一旦真的被用了，就真行吗？怕也未必。李白就是个例子，写诗行，几乎无人能比，却不是做官的料。缺乏自知之明，过高估计自己，不单单是哪个人的缺点，而是人的通病。

即使过去经过严酷条件的考验，后来却在新环境中养尊处优，人也就不再是当年的人了。人总是在现实条件中变化，能够抵制这种变化的只有理性。可理性软条件硬，究竟能起多大作用，也只能看个人了。除非理性对条件有足够认识，并能掌握它。

综上所述，我们可以得出两点结论：

一、有什么条件就有什么理性，条件决定理性。

二、如果理性对条件有足够认识，并能掌握它，那么理性也可以驾驭条件。

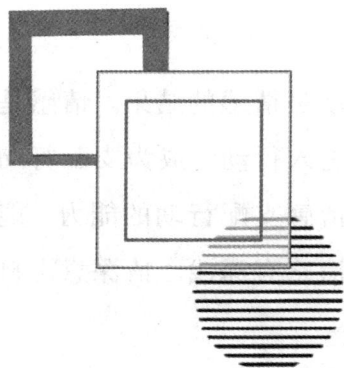

第九猜 锻炼意志

情感是行动的原因，行动是情感的结果。情感是动力，有力量支配行动。情感进入行动，成为支配行动的力量了，就是意志。意志是情感支配行动的能力。能力有大小，意志有强弱，因为情感有深浅。情深意志自然强，情浅意志必然弱。

　　理性之所以有情是因为我们相信它，相信的程度越深，越坚信不疑，情的力度越大，意志越强。如果不是一般的相信而是信仰了，情的力度更大，意志更强。

　　本性也有意志，动物为觅食、求生、求偶、护幼所表现出来的意志力是大家所熟悉的，那是天生的。理性是后天的，理性行动对我们更有重要意义。我们这里说的"锻炼意志"就是特指理性意志的锻炼。

　　意志来自情，正面是爱，负面是恨。能力的大小好像并不相同，恨的力量可能更大些。羡慕别人，向他学习，是爱的力量；嫉妒别人，要超过他，是恨的力量。可能后者的力量更大。

最明显的表现是在运动场上。参加赛跑的运动员听到一声枪响都拼命地往前冲，是什么心理在支配他们？怕落后！怕别人超过自己，是嫉妒，不是羡慕。如果是羡慕，让还来不及呢，还拼什么。正因为嫉妒，所以才拼。奥运会的最好成绩，打破世界纪录的成绩，是嫉妒和拼命的结果，而不是羡慕的结果。

　　球赛的情况也类似。如果两支球队的实力不相上下，比赛时的共同心理就是怕输。只想赢，不想输，怕输！这才有球场上的拼命厮杀，甚至不惜犯规、动粗。是互相嫉妒，而不是互相羡慕。是恨的力量，而不是爱的力量。

　　城市的孩子从小接触电脑、手机等这些现代化的东西，所以视野开阔，脑子也聪明，可是高考常常考不过农村孩子，这是为什么？因为生活太舒适了，没有压力，也就不愿努力，不肯吃苦，厌弃学习，怎么会有好成绩呢？

　　农村孩子就不同了。农村比较艰苦，生活有压力，他们希望能够通过努力学习改变现状，所以就不怕吃苦，容易出成绩。别的方面不如城市孩子，就在高考上压你一头！

　　恨的力量大于爱，好像司马迁也是这个观点。人都是因为有恨，所以才发愤图强。"文王拘而演《周易》；

仲尼厄而作《春秋》；屈原放逐，乃赋《离骚》；左丘失明，厥有《国语》；孙子膑脚，兵法修列；不韦迁蜀，世传《吕览》；韩非囚秦，《说难》、《孤愤》；《诗》三百篇，大抵圣贤发愤之所为作也。"司马迁对此是深有体会的，因为他的《史记》就是发愤之作！

发愤，发愤，天大的力量都来自一个"愤"字！

平常对爱我们情有独钟，却不知恨的特殊作用。恨在强化理性意志上的作用是爱所不能替代的。

理性意志的由来我们知道了，剩下的就是怎样增强它，锻炼它。

锻炼意志有个前提，就是必须理性正确。只有理性正确，锻炼才有意义。如果理性不正确，你还坚持它，那就成了顽固分子，锻炼还有意义吗？所以"坚持真理，修正错误"应该成为意志锻炼的前提，有了这个前提才可以进入实际锻炼。不过话又说回来了，谁的理性谁不认为正确？如果不正确早就放弃了，怎么会坚持呢？所以"坚持真理，修正错误"说了也是白说。明知白说也要说，因为太重要了。

如果我们坚信自己的理性，就会在行动中坚持它，至死都不动摇不改变，外边有再大的困难也要克服。但是本性正好相反，本性中有个自我保护机制，就是"怕"，对困难非常敏感，一有困难它就怕。

害怕困难比困难本身更可怕，这正是我们软弱的根源。"怕"虽然有用，可也碍事。不行动还不一定安生，一有行动它就更加活跃，总是站在对立面百般阻挠，怕苦、怕累、怕死、怕危险，乃至怕失败、怕出错、怕丢人、怕出头，什么都怕。如果听它的，那就什么也别干了。

由此可见，理性意志的敌人首先不在身外，而在自身。如果连自身都不能战胜，克服困难就是一句空话。必须首先克服怕，用理性战胜本性，自己和自己较劲，只有把自己战胜，才有可能战胜外部困难。所以，理性意志的真正含义首先是战胜自我，不能战胜自我，就没有意志可谈。

不怕苦也得平时有锻炼，平时没有锻炼，不怕才怪。温室里的花朵经不起风霜和严寒酷暑。没有锻炼的身体弱不禁风，无法应对严酷条件的考验。必须和软弱对着干！怕苦就锻炼吃苦，怕累就锻炼受累，怕出头就锻炼出头，缺什么锻炼什么，就是要和自己对着干！

一本书上写一个革命者为了锻炼自己，在睡觉的木板床上钉满了钉子，把自己弄得遍体鳞伤也毫不在乎。

还有一个锻炼胆量的例子，是深更半夜独自一人到郊外墓地上去取回什么东西。

这样的例子或许你会认为有些过分，不过这种刻意锻炼的精神还是应该肯定的。

回过头来看看我们的现实情况就不能不叫人遗憾了，我们一直被独生了女的教育问题困扰着。孩子在我们每个家里都是个宝，娇惯都来不及还谈什么锻炼。

无独有偶，西方也有一种教育理念，认为儿童就应该自由快乐地成长，而不应该压制他。

不管什么态度什么理念，最终还是得让事实来说话。事实是什么？你现在有大人护着，给你自由快乐的小环境，以后呢？大人能跟你一辈子吗？这个问题如果你不从小解决，长大以后现实生活也会逼你解决，到那时效果恐怕就差了。一个从小就不怕吃苦，另一个从小就娇生惯养，两个比起来，哪个更有希望？所以如果不想以后有麻烦，还是及早解决为好。

在自然环境中，人是有压力的，正因为有压力，人才聪明，才知道努力，才有所作为。一旦没有压力了，人便不再是人。什么是压力？贫穷是压力，规矩是压力，责任是压力，"应该"是压力。

不过对小孩子压力也不能太大，可以从小处入手，从身边小事做起。比如对于小学生，可不可以在家长的帮助下定上这么几条规矩：

1. 按时作息，睡觉起床都要按时；

2. 认真完成老师布置的作业，否则不能出去玩；

3. 看手机和电脑必须有限制，按时关机。

很简单，三条就够，重在执行。执行必须严格认真，一丝不苟，没有通融的余地。难吗？不难。那你就做个样子看！从身边的小事做起，循序渐进。我想很多时候孩子不一定有问题，问题可能在家长身上，家长舍得严格要求吗？能以身作则吗？

要让孩子从小树立起"应该"的观念。凡事都要问个应该不应该，应该的做，不应该的不做，而不能想做就做，想不做就不做。努力按"应该"做就是锻炼意志。想干什么不用教，应该怎么干，不教不行，家长必须搭把手。

孟子有句话最常被引用："天将降大任于斯人也，必先苦其心志，劳其筋骨，饿其体肤，空乏其身，行拂乱其所为，所以动心忍性，曾益其所不能。"上天要把重大任务交给这个人，必定先要劳苦他的心志，劳累他的筋骨，饥饿他的肠胃，穷困他的身体，让他的行为老不顺心，以触动他的心意，坚韧他的性情，增强他的能力。

理性意志是一种合力，是从认识到态度、到性格、到体力、体能乃至身体的综合力量。说到底，打铁还需自身硬，没有强壮的身体就无法承担重大的责任，也就无法克服种种难以想象的困难。

困难是客观的，意志是主观的。困难有大小，意志

81

有强弱。意志薄弱者在困难面前畏首畏尾无所作为，意志坚强者敢于面对他力所能及的一切困难。一个能够坚持真理、修正错误的意志无比坚强的人，还有什么可怕的！

理性意志对本性是种自我抑制的力量，对理性则是种自我扩张的力量，可以将自我扩张到他所相信的一切领域中去。毫无疑问，这是实现自我价值的最大优势，是意志薄弱者所无法比拟的。人类正是依靠这种自我扩张的意志去进行斗争和改造环境的。世界面貌之所以成为今天这个样子，不论是好是坏，都是人类意志的杰作！这就是为什么一个人的意志坚强与否常常被看作其重要品质的原因。

梁启超认为，教育的本质，是教人用意志去战胜欲望，顶天立地做一个人。

在这一猜中，最突出的就是理性和本性对着干，用理性战胜本性。这与理性的领路人身份相符吗？理性的责任是帮助本性保护本性的，这是帮助和保护本性吗？

对，这就是对本性的帮助和保护。

理性知道，本性自身有矛盾，想吃怕烫。本性就是需要，可为了满足需要它又怕。所以我们对"怕"要分析，有的应该，有的不应该。应该的有用，不应该的不仅没用还碍事。如果对碍事的"怕"不予控制，我们便将一事无成。而要控制"怕"，没有股狠劲是不行的，所谓"恨铁不成钢"。说与本性对着干并不是要消灭本性，只是控制本性的"碍事"，而成全它的"需要"。

老师对学生也有严厉的时候，都是为学生好，家长对孩子有时候还打骂呢，都属于"爱之深，责之切"一类。这一猜其实也可以看成是，理性当老师当家长的故事。

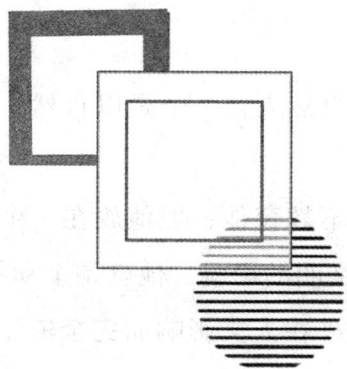

第十猜 融入社会

人有两个自己，一个是自然人，一个是以自然人为基础的社会人。

　　自然人是天生的，如果不教育他，把他放在一个非人的环境里长大，不受社会文明的影响，他就是个动物。自然人就是指那种排除一切外在人文影响而完全依靠自然力量成长起来的人。现实的人类社会找不到这样的人，孩子生下来都得进行教育，通过教育让他学习理性，表现文明，以便融入社会，表现理性和文明是社会人的特点。

　　自然人天生利己，而讲文明的社会人则要求利人。如果自然人只知利己不知利人，他就文明不起来。

　　要让自然人成为社会人，必须有理性的帮助，没有理性成不了社会人。因为理性是我们对事物内部秩序的认识和态度，能够帮助本性知道社会都有哪些要求，怎样做才能被社会认可和接受。

　　人是社会动物，离不开社会，社会是本性的需要。

反过来说，社会是人的社会，个人是构成社会的细胞，人的所有本性表现都是社会秩序的内涵。可见社会秩序和本性是相通的，按说本性应该容易融入社会，但事实上还是有问题。

如果人人都利己而不利人，社会便无法存在，只是一盘散沙。解决问题的办法就是增加利人。只有利人才能够维持和巩固社会，利人是构成社会的关键，于是利人就成了社会对其成员的根本要求。对个人来说，利人是个人进入社会的通行证。

既要利己又要利人，这对本性来说也不是新鲜事。本性本来就有心理平衡，你怎样对我，我就怎样对你，你好我也好，你利我，我也利你。理性认可本性的这个做法，执行就可。人原本是自然人，自然人虽然利己，进入社会以后只要表现利人，就能与别人友好相处。这个办法原来被本性用于"对等反应"中，现在可以扩大范围，广泛使用，不管别人怎样待我，我都以好心待人。于是人就为利己而利人，把利人看成是利己的必由之路，利人就是利己。社会也没问题，社会只管表现，并不在乎想法，只要表现利人就行。

进入社会的问题就这样解决了，但是融入社会的问题尚未解决。融入社会的问题怎样解决呢？

由于本性表现是社会秩序的基础，它们是相通的，所以理性给出的方法就是"推己及人"：你想要别人怎样待你，你就怎样待人。"己欲立而立人，己欲达而达人"，"己所不欲，勿施于人"，"老吾老以及人之老，幼吾幼以及人之幼"。

只要认识到位，理性足够强劲，这个办法就有效，就会使人顺利地融入社会。本性原来是"小我"，融入社会的本性则是"大我"。"小我"只知利己，"大我"则兼利社会。

事情本来可以到此结束，但是本性却有了异样感觉，觉得理性不真实，虚伪，是作假演戏。

对此，理性也有察觉。为了平息本性的这种感觉，理性推出"应该"来。碰到困难时想想应该怎样做不应该怎样做，"应该"就成了我们行动的指南。其实"应该"不过是把环境对我们的要求变成我们自觉自愿的行动，把被动变成主动，如此而已。这就是"应该"的魔力！

"应该"的魔力再大，理性是作假演戏的感觉在本性那里也很难彻底消除。社会不在乎本性的感觉，它确实需要本性演戏。

人在社会有分工，分成不同的角色和责任，要求所有社会成员必须按角色表现。父（母）子（女）、弟兄、姊妹、夫妻、亲戚、朋友、同学、师生、同事、上下级、邻里、同乡、同胞等，实际上是一张大的社会关系网。任何人都不是天上掉下来的，都是父母所生，都在这张大网中，都在社会关系中。不同的角色有不同的责任，不同的责任要求有不同的表现。老子有老子的表现，儿子有儿子的表现。如果老子不像老子，儿子不像儿子，家庭就要乱套。老师没有老师的样子，学生没有学生的样子，上级没有上级的样子，下级没有下级的样子，社会也会乱套。按分工和责任表现是不是作假演戏？

本性喜欢听表扬，不喜欢听批评，听到表扬心花怒放，听到批评火冒三丈。这样的表现被社会批评为幼稚、不成熟、没涵养。于是本性改变做法，听到批评就装作虚心接受的样子，把自己包装起来，果然受到称赞，被夸成熟、有水平。真心实意地表现自己不受欢迎，作假演戏反而受到社会欢迎！

西方实行民主选举总统，一方当选，落选者当即打电话给对方表示祝贺，这向来被认为是西方文明的表现。岂不知打电话之前刚骂过街。

社会只看重表现，并不管你是否作假演戏。人不怕作假，不怕包装，只怕野蛮。越是公开场合，越讲规矩，越要包装，也就是作假演戏。反而是私人场合，更讲真心实意。

为什么社会和理性喜欢包装和作假演戏？

因为演戏是文明，文明总比野蛮好。

人是动物学做人，演戏就是做人。不过也有不同。演戏是只管按角色要求演而不管演员，演员和角色是两码事，演员并不把角色看成自己，台上是角色，下来就不是。做人却要演员和角色兼顾，演员和角色是一个人，他扮演的角色就是他自己。

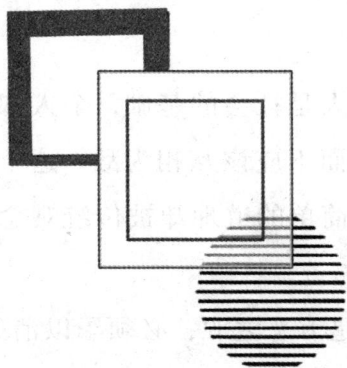

第十一猜 个人与社会

社会是个人的需要，个人是社会的基础，个人和社会应该互相尊重互相帮助，而不应该互相为敌。这个道理再简单不过，可就是这么简单的道理却被传统观念搞得一塌糊涂。

传统观念认为本性利己是万恶之源，必须予以消灭，于是本性利己成为众矢之的。本性不被看好，个人还有安生的日子吗？

凡生命都自私，没有不自私的生命。自私就是利己，是生物的重要特征。人是天生的自然人，身体和生命都是动物，利己是维持动物生存的生理和心理功能。没有利己，人无法存活。

不过，人是社会动物，个人需要社会，终生离不开社会，需要做社会人。自然和社会是两个完全不同的领域，要求也不同。自然人有自然人的规矩，就是利己。社会人有社会人的规矩，就是利人。两个不同领域各有不同要求，社会没有理由越权责备自然人利己，利己不是自然人的错误。那么问题该如何解决呢？

社会应该也能够做的是让自然人学习理性，让理性帮助他学会利人，融入社会。这才是社会的责任。

理性是我们对事物的认识和态度，是对客观规律的认识和把握，能帮助自然人认识社会和适应社会，成为社会人。这就好比人在水里要学会游泳一样。人是陆地动物，到水里会淹死，学会游泳就安全了。人生为自然人，为社会所不容，如果有了理性并表现理性，就能融入社会，得到社会的认可。社会人有了理性就有了责任，对本性的一切表现承担责任。只要理性好，本性表现就没有问题。如果本性表现不好，那是因为理性有问题。本性是天生的，对社会没有责任，应该承担责任的是理性。如果人在水里淹死了，你能埋怨他身体长得不像鱼吗？不，只能怨他不会游泳。

社会要求个人的就是表现，就是行动。行动摆在那里，问想法是多余的。虽然人可以表现利人，但是目的却是利己。人是为利己而利人的，利人的目的是利己。有表现有行动就够了，无须刨根问底，这应该得到社会的谅解，这是社会和自然之间应有的"默契"，也是理性应该提供的帮助。

但是传统观念却反其道而行之，把利己本性看成洪水猛兽，必欲灭之而后快。宋代理学家就提出"存天理，

93

去人欲"的错误主张，不仅不是帮助社会与自然达成默契，反而制造对立，挑起社会与个人的矛盾，唯恐天下不乱！这算什么样的理性啊？

什么是"天理"？封建社会的伦理道德只是当时的社会理，称它"天理"又有何用，帝制被推翻以后它不是照样得变？

什么是"人欲"？其实就是利己本性。饿了要吃，冷了要穿，成熟了需要结婚成家，是天经地义的，想消灭也消灭不了啊。

人欲是人对环境的根本要求，是无可更改和没有止境的动力。人们正是依靠这种动力不断采取行动去提高和丰富自己的生活，推动社会的发展和进步的。如果没有了这个动力，社会也将停滞不前。

有人就有欲，人欲与生俱来。问问主张消灭它的人，你的人欲能消灭吗？如果连自己都做不到还要求别人，岂不是虚伪！既然谁都做不到还空吆喝，没劲透了！——不，还有影响，不过是负面的，制造社会与个人间的矛盾和冲突。

谬种流传，害人不浅，一直到前些年我们仍深受其害。前些年我们还"斗私批修"，要狠斗私字一闪念。作为本性的私，是无论如何也斗不掉的。

"存天理，去人欲"明白地提出只要理性，不要本性，"斗私批修"也要批斗本性。如果真能不要本性斗掉本性，理性还有落脚之地吗？怕是真要喝西北风去了！

任凭风浪起，我自岿然不动，谁想消灭本性都是妄想！

社会固有的发展规律并没有因此而改变。事实证明，以理性（尽管有错误的时候）为指导的本性，不但没有危害社会，反而对社会做出很大贡献，对社会有大功。

面对社会，个人势单力孤，处于弱势，个人需要社会的保护。本性尊重上层，同情下层，以自己积极向上（向上爬）的实际行动支持社会，使自己成为稳定社会既有秩序的重要力量。

不仅如此，本性还向社会贡献出同情心、正义感和良心这些对社会风气有重要影响的正能量。本性还知恩图报，每逢受到善待，它都以爱人利人的方式给以回报。如果没有本性，社会还有法想象吗？

本性对社会的贡献有目共睹，可是由于传统理性的误导，有功不奖不说，还要灭掉它。还有比这更荒谬的事吗？

在生活困难的岁月里，人们是如何渡过难关的？千千万万劳动者的性命是谁保护的？社会有这种力量吗？谁有这样的力量保护每一个人？正因为有了利己对个人无微不至的贴身关照，才保住了人们的性命和健康，才稳住了社会和人心。除了利己还有谁能办到？

事实证明，个人也有优势。如果个人没有优势，也不能成为社会的基础。如果个人没有优势，谁来支持社会？

利己对个人有利，而个人是社会的基础，也必然使社会受益，这不是顺理成章的事吗？

平心而论，社会有社会的优势，个人有个人的优势，它们是优势互补的，不能偏废。人在社会不是毫不利己专门利人，而是"人己两利"。

"优势互补，人己两利"，既是原则，也是事实。实际上这是社会运作的基本规律，从来如此，并非始于今日。社会和个人只能互帮互助，而不应该互相为敌。

不过利己也有危险，也可能因利己而损人。你能损人，人也能损你。为了防止损人利己的情况发生，在"优势互补，人己两利"之外还需要加上一条"先人后己"。利己必须受到限制，必须以不损人为原则。利己是不损人的利己。我不损人，人不损我。虽然大家都利己，由于有了"先人后己"，就不会互相损害。

既有先人后己，就有"先公后私""公而忘私"。

"优势互补，人己两利，先人后己"，是社会与个人的正常关系，是正常的社会秩序。让我们用这种正常的社会秩序彻底否定和埋葬一切脱离实际的空想和谬论！

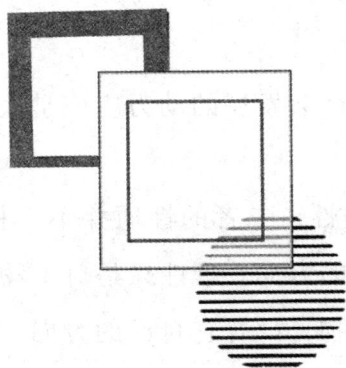

第十二猜 社会发展的动力

社会是人的社会，推动社会发展的动力应该是人和人性。

不过人性包括本性和理性，二者的性质并不一样。本性就是利己，是实实在在的方向。理性只是对事物的认识和态度，决定于客观事物，没有它自己的方向。这样看来，推动社会发展的动力就只能是本性利己。

那理性还有什么用？

理性可以帮助本性在社会表现上符合社会要求，在自然表现上符合自然要求，环境不管有什么要求它都能帮助本性适应，这就是理性能做的。不过在理性发挥作用的时候，本性并没有消失和改变，而是在暗地里较劲。实际是，本性明里顺着理性表现，暗里还是坚持它自己。本性就是这样，要么表现自己，要么对外表现理性而对内依然故我。

在已有的答案中，认为阶级斗争是推动社会发展的动力。对不对呢？

当然也对。但是如果进一步问：为什么阶级斗争能推动社会发展？答案必然是：因为劳动者不能得到自己的全部劳动成果，很大一部分被剥削了。劳动者的个人利益（利己）被侵犯了，心有不平，这才有阶级斗争。说到底，如果人不利己，就不会有阶级斗争。这才是问题最后的根本原因。

在已有的答案中，还认为生产力的发展是推动社会发展的动力。对不对呢？

也对。但是如果进一步问：生产力为什么能发展，该怎么回答呢？因为生活需要人们不得不从事繁重的体力劳动，可是人的本性却好逸恶劳，于是就想办法少出力多出活，提高技术改进工具，结果就促进了生产力的发展。如果人没有好逸恶劳的本性，生产力的提高是不可能的事。最后的根本原因还是本性。

我们知道人类社会的发展是从原始社会到奴隶社会、到封建社会、再到资本主义社会的。为什么社会能发展，社会发展的根本原因是什么？

原始社会生产力极低，劳动者可以勉强糊口而已，没有条件剥削。后来生产力稍有提高，也给剥削提供了条件，于是就出现了奴隶主。奴隶主不光剥削奴隶的劳动成果，甚至掌握着对奴隶的生杀大权，奴隶没有起码的自由，奴隶的不满可想而知。封建社会农民虽然被捆绑在土地上受地主剥削，可比奴隶强多了。到了资本主义社会，劳动者得到进一步解放，因为靠出卖劳动力吃饭，可以自由选择雇主，有了更多的自由。

社会形态发展由低到高的背后原因不正是劳动者追求自由的本性所造成的吗？

本性推动社会发展进步表现在人类生活的方方面面，衣食住行都有表现，我们不妨以行为例。

最早的人类走路就是依靠天生的两条腿。走了多少万年，才知道饲养动物，才有牲畜，才知道骑牛、骑驴、骑马、骑骆驼，用来代步。又过了不知多久才发明了圆轱辘的车。车是个了不起的发明，从独轮到双轮，从手推车、人拉车，到牛车、马车，一直到现代人的自行车、汽车、火车。现代人不光陆路有车，水路还有船，天上更有飞机，想到哪里都不难，既方便又快捷。古人要走几个月甚至几年的路，现代人可以当天就到！唐玄奘如果生在今天，还用历尽千辛万苦长途跋涉跑到并不算远的邻国去取经吗？现在别说坐飞机当天到，怕是连人都不用去，坐在家里打开电脑上网查查就解决了！

现代交通非常发达，让偌大的世界变成一个小小的地球村，而且还要往宇宙发展，要上月亮，上火星！人类的这种发展前景甚至让人类自己都惊叹不已！

人类的这种巨大威力从何而来？

好了还要好，没有最好，只有更好，永远没有知足

100

的时候，这不就是贪婪吗？谁会料到，就是这样一个毫不起眼还经常遭人谴责的小小本性，竟可以让人类的发展永无止境。本性确实厉害！

可是本性再厉害，在社会也不吃香，所以才需要理性来管住它。但是理性并不都好，有的理性不是要管住本性，而是要消灭它。却不知本性不仅无法消灭，而且还要决定社会发展的方向。从想要消灭的对象到推动社会发展的动力，这是多么大的区别啊！

由于社会不喜欢本性表现，本性就请理性帮它适应社会，并对外代表自己；但本性对历史当仁不让，一定要让历史的发展合乎本性要求。

由此可见，人性表现有明的一面，也有暗的一面，人性是两面派。

为什么人性是两面派而不是一面派？

一面派也可以，不要理性就是一面派，动物都是一面派。你要做动物吗？如果你不愿做动物，要做人，就只能是两面派这种"怪物"。

这是为什么？

因为在人身上既有自然性也有社会性，而自然和社会是两个完全不同的领域，各有不同的要求。人在自然是自然人，也就是动物，动物都利己。所以才有狼吃羊、大鱼吃小鱼、老鹰抓兔子这些司空见惯的现象。倚强凌弱，自然淘汰，适者生存，是大自然的基本法则。大自然正是依靠这样的法则，让物种之间相互制约以保持生态平衡的。但是，这样的法则对人不利，因为人既没有坚厚的皮毛自我保护，又没有尖牙利爪向外进攻。面对这样的不利，人的出路就只能是抱紧社会以壮大自己和发展理性以智取胜，人必须是社会人才有力量。社会人必须懂得利人，而利己是天生的，无法取消，于是人就为利己而利人，心里利己，表现利人，成为两面派。

两个环境孰大孰小也存在变化。在自然界是大自然、小社会。社会只是地球上的一个小小的人类聚集地，这个聚集地之外都归大自然，地球之外还有宇宙也归大自然，从大自然看，社会当然是小社会。但是站在社会内部看，社会则是另一种情景。社会很大，大社会里也有小自然。社会里的山山水水、动植物，以及人（自然人）乃至人造物（以自然物为材料），都是小自然。人与人之间的关系是社会关系吗？可也是自然关系。自然关系讲利害，社会关系讲道德。讲利害的利己，讲道德的利人。用社会关系包装自然关系，用道德包装利害，用利人包装利己，这样一来，人又怎么可能不是两面派呢？

两面派就是利人和利己的两个自己。让利人表现出来，让利己潜伏下去，把利人献给社会，把利己留给历史，人能做的不过如此。

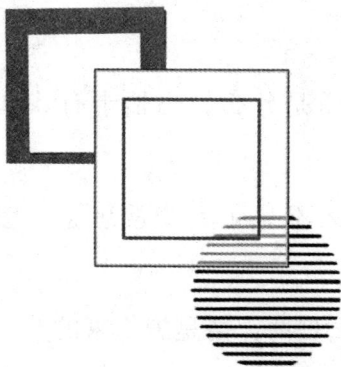

第十三猜 人际关系的实质

第十三猜 人际关系的实质

如果要问人际关系的实质是什么，恐怕十有八九的回答是：感情、情感、情。

离家久了想家，朋友好久不见了，非常想念，想和想念都是情，难以割舍的情。

但是如果进一步问，什么是情，情是怎么来的？

可能是因为脾气相投，有很多共同语言，也可能是他曾经帮助过我，可以有很多"因为"。"因为"再多，归结到一点，恐怕也就是：与他相处让我感到愉快，感到满足。也就是对我有利。

什么是"利"？一提利就让人想到金钱和物质利益，其实不是，不过也可以包括。"利"是好处，是指满足我们的本性需要，也就是顺本性。顺利顺利，"顺"就是"利"。顺本性就是顺着自己，即"利己"。利己，就是对我好，对我有"好处"，既包括物质也包括精神，哪怕一个微笑，一声谢谢。

"多个朋友多条路"的道理连小学生都知道。朋友就是互相帮助、互相为利的。表现为情，实质是利，利被情包装了，这在友情中最为明显。

为什么情要包装利？

利害是客观存在，对这样的客观存在人有天生的心理倾向，也就是态度，什么态度？就是"趋利避害"。喜欢利而厌恶害，拥抱利而远离害，这是人的本性。人在客观利害面前表现出本性来，没有什么比这更正常的了。如果我对你好你无动于衷，他对你坏你也无动于衷，那你不是人，是石头。是人就有情，对利害就有反应。

友情是这样，那么爱情呢？

一男一女本来是朋友，后来成为恋人，最后结为夫妻，是什么原因呢？

一般回答都是：感情到了，感情成熟了。

可如果进一步问：为什么感情会成熟，感情成熟的原因是什么，该怎么回答？

青年男女在一起，开始最容易让人发生感情的大概不外乎对方的模样、体态和气质。因为这三样东西都表现于外，一见便知，所以才有可能"一见钟情"。你可以一见钟情，对方却不一定。什么时候对方对你也有意了，你们就成一对恋人了。恋人只是享受眼前的快乐，还没有结婚成家，无法保证以后。他们为什么不马上结婚？因为还在考虑，还有长远利益要考虑。眼下挺好，可能否长远还没有把握，包括对方的脾气秉性、文化素养、兴趣爱好、为人处世习惯、政治态度，以及家庭情况、经济情况、社会关系等都需要了解和考虑到。所有这些了解和考虑是什么？

其实就是两个字：利害。

表面上是情，内里是利害。我考虑的是对我的利害，你考虑的是对你的利害。《非诚勿扰》上有那么多戏，都是围绕着利害展开的。如果决定结婚了，这意味着什么？其实也就是双方都愿意用我对你有利的条件去交换你对我有利的条件。也就是所谓"条件相当"。

既有利害，感情跟着利害走，自然就有情。利害不能没有情的包装。失去情的包装，也就失去人情和人际关系，失去社会，个人也就失去立足之地。个体生命"趋利避害"就是情的包装，是生命的需要，是生命对动物尤其是人的特别恩赐和关照。利害是硬性的客观存在，情是软性的心理倾向，没有情的软性包装，硬性利害寸步难行。

不过我们需要情的包装，并不影响我们认识情的实质。友情的实质是利害，爱情的实质也是利害。那么亲情呢，亲情是否有所不同，难道亲情也是利害吗？

答案是肯定的。

亲情中以母子（女）情为最，我们就以母子情说事。

一般认为母子情是天生的，远离利害，与利害无关。究竟母子情与利害有关还是无关？

我从网上看到这样一条新闻，来自印度。说印度的一个城市有两个孕妇同时进了一家医院生产，孩子出生后互相抱错了，两人各自抱了对方的孩子回家。三年后通过 DNA 鉴定发现了真相。按说应该纠正过来，各自换回自己的孩子。但是两个母亲说什么都不肯，孩子也不愿意，她们宁肯将错就错。这是为什么？是不是很奇怪？

并不奇怪，因为情不允许！

什么情？当然是母子情。不是抱错了吗？他们不是真正的母子啊！

现在的问题是需要把母子情是怎样发生的弄清楚。母子情究竟是怎样发生的呢？

孩子是母亲身上掉下来的肉，母亲当然有情，这种情是先天的，没有问题。但是这种先天情能决定后天的事吗？

不，后天的事只能决定于后天。孩子抱错了，母亲并不知道，还以为是自己的（唯一的先天因素），光看小模样就亲不够。母亲的关怀照顾，换来的是孩子的健康成长。孩子会笑了，会坐了，会走了，会叫妈妈了，都是对母亲最好的回报，使母亲感到满足，这才是母爱的根据。母爱由此而来。有一点先天因素，但主要因素在后天，是后天的情的影响。

孩子对母亲的爱则完全是后天的事。母亲对他无微不至的哺育和关爱，是他唯一的依赖。利己得到满足，感觉是实实在在的，有感觉就有感激和爱，谁满足他，他爱谁。这是子女之所以爱母亲的唯一根据。

后天的感激和满足是既成的事实，这个事实把母子（女）牢牢地捆绑在一起，以至于抱错没抱错都无法改变它，因此才有两个母亲宁愿将错就错的事情发生。

如果不是将错就错，而是纠正错误换回自己的孩子，问题就解决了吗？

没有那么简单。感情的培养是需要时间的，没有长时间的接触与磨合，真正的母子情是不可能产生的。现在她们真正的母子情（经过 DNA 确定的）只是认知上的，理性的，感情等于零；而她们已有的母子情（虽然错了）却有一千多个日日夜夜的厚重！

由此可见，即使母子情，也主要不是天生的，而是后天对各自利益的相互满足。没有对利己的相互满足，便不可能有真正的母子情。

母子情尚且如此，其他的亲情就更不在话下了。

友情、爱情、亲情虽然可贵，其核心却只在一个"利"字。说明人际关系必须满足各自利己的要求。人都利己，都讲利害，用利害支配心理平衡（情的平衡）就是利害平衡，利害平衡是人际关系的核心和实质，人际关系建立在利害平衡上。

一个是利，一个是情。利受时间限制，是一时的；情则突破时间限制，是长远的。长远的情更符合心理需要，由此人际关系才得以建立，才有亲情、爱情、友情。因此，人比一般动物感情更丰富，把感情看成头等大事，甚至在利害之上。

其实人际关系的根本还是利害。人与人之间没有利害就没有关系，有了利害才有关系。没有利害关系，是陌生的；一旦有了利害关系，意识到了利害关系，就不再陌生。有利就有爱，有害就有恨，用爱恨包装利害。

不存在没有利害的人际关系，但是有只带简单包装的人际关系，就是国际关系。国际关系也是人际关系，因为国是人的国，不过不是个人而是社会。因为社会不喜欢利己，所以个人利己要掩盖。爱国，爱的是大家共同的国，虽然也是利己，却不必掩盖。各个国家都有自己国家的利益，都利己，这是公开的，谁都不掩饰。为了自己国家的利益，需要对外通商贸易，友好往来，要有外交。如果发生矛盾冲突，更需要对外协调，讲外交辞令，做官面文章。外交辞令虽然也包装，毕竟有限，因为它无法掩盖问题的实质，即各自的国家利益。

国际关系各自利己，大家都认可，为什么人际关系却不承认呢？因为人际关系的感情色彩太重，模糊了我们的视线。所以要明白人际关系，看国际关系就行了。这样一来，国际关系反而成了我们认识人际关系的捷径。

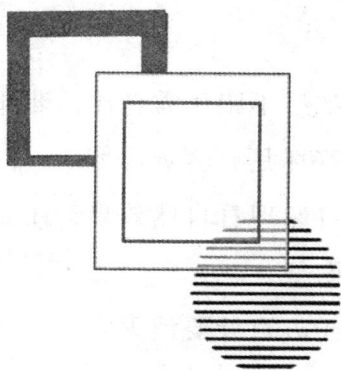

第十四猜 好的理性

谁都想拥有好的理性，如果不跟优秀者比，谁都觉着自己的理性好。但理性的好坏是有客观标准的，自己说了不算，得看客观效果。自然理看自然效果，社会理看社会效果，好坏都要看效果。

传统理性认为本性恶，千方百计要消灭它，一直没消灭了，没有达到目的。幸亏没达到目的，否则把本性给消灭了，那就闯大祸了！本性消灭了，身体消灭了，人还在吗？那就麻烦大了。可见传统理性是错误的。

（1）

传统理性之所以错误是因为它的定位错了，它在人性中的地位没摆对。理性是干什么的？是用来消灭本性还是帮助本性的？这个问题它没解决好，解决错了。

如果我们承认人是动物，动物必须有理性才能成为人，那么理性就应该是帮助本性成人的。先天没有理性，理性是后天塑造的，是来帮助我们的。人不能没有理性的帮助，本性不能没有理性的帮助。本性是基础，理性是上层建筑，上层建筑消灭基础是笑话。想要消灭本性的理性肯定不是好的理性。

理性的责任是领好路，让本性的表现符合环境和社会的要求。如果本性表现不符合要求，那不是本性的责任，而是理性的责任。明眼人领瞎子走路，瞎子掉进沟里了，谁应该负责？难道叫瞎子负责吗？把责任推卸给本性的理性不是好的理性。

一条看效果，一条看出发点。那么是不是说，这两条没有问题就是好的理性了？

不，还差一步。哪一步？

本性利己在社会上最大的危险是因利己而损人，即所谓"损人利己"。损人为社会所不容，对自己就好吗？你损人，人也损你，你的利己也有危险啊。所以利己必须受到限制，必须把利己限制在不损人的范围内。只有这样才能对大家都好。

有了两条不犯，再加一条限制，就可以算是好的理性了。不过也就是 60 分，刚及格。好的理性要求在任何条件中都有好的表现。因为环境复杂多变，好的理性是个系列工程，不是轻易可以得到的。如果你想得高分，必须在学习和践行上付出更多努力才有可能。

（2）

　　人有感情，人重感情，而感情供人享受的同时，也迷惑人，让人看不清真正的利害。被感情迷住眼睛的理性，不是好的理性。好的理性也享受感情，却不为感情所迷。好的理性是种眼光，能透过现象看本质，看清真正的利害。

　　理性是帮助本性的，本性利己，好的理性不仅不反对利己，还是利己的最好帮手。

　　人是社会动物，社会是我们最广泛的需要，我们终生不能脱离社会。好的理性从利己出发，感恩社会的一切善意和帮助，造福社会。但是社会非常复杂，当社会对自己不利的时候，它也会千方百计地保护自己。它的原则是在保护好自己的前提下适应环境。

　　社会在发展进步，我国古人的看法是"普天之下，莫非王土；率土之滨，莫非王臣"，现代的世界潮流却是自由、平等、科学、民主。近代以来世界各国发生的革命和变革，也都是为了使国家政权更符合下层百姓的需要。在这种形势下，好的理性必然要求政府和社会尊重人权和民主，这也正是我们造福社会的一种正当诉求和表现。

人的需要是多方面的，有物质需要，也有精神需要。只看重物质需要的理性不是好的理性。好的理性在物质需要得到一般满足的情况下更看重精神需要。

传统理性把利人和利己对立起来，认为要利人就必须反对利己。好的理性认为利人就是利己，要利己必须利人，利人是利己的必由之路。你对人好，人也对你好。你帮人，人也帮你。大家都记住你的好，有机会就会报答你。大家都说你好，夸你，称赞你，你会觉得生活充满阳光。

好的理性让人变得心明眼亮，认为聪明和道德是一致的，否则只能是小聪明。真正的聪明人都知道，我帮助你就是帮助我自己，我尊重你就是尊重我自己。这里没有"见利忘义"，只有"见义有利"和"义中见利"。

古时候，孟子去见梁惠王，梁惠王问孟子能给他带来什么利益。孟子不愿谈利，只想谈王道。怎样实行王道呢？首先是别打仗，其次是发展生产。生产好了，再实行仁政，搞好教育，让50岁的人可以穿上丝绸，70岁的人可以常吃肉，这样老百姓就会拥护你。不光本国的百姓，天下的百姓都拥护你，你不想称王都不行。

孟子所说的王道仁政其实就是利，不是一般的小利，是大利。

梁惠王有梁惠王的利，他的大利是王天下。我们也有我们的利，我们的大利在我们的责任中。作为社会人都有责任，角色就是责任，老子儿子、老师学生、上级下级、兄弟、夫妻、朋友，上下左右全是责任，有多少角色就有多少责任。好的理性认为履行责任是最大最好的利己。

即使在最困难的情况下，好的理性也可以把本性带到社会道德的顶峰。

"生命诚可贵，爱情价更高。若为自由故，二者皆可抛。"这是大家都耳熟能详的裴多菲的诗句。事实上，人有精神追求，是有尊严、爱名誉的动物。在极端困难的生死关头，如果生命和耻辱画等号，好的理性提出"成仁""取义"的方案，人是愿意接受的。"人生自古谁无死，留取丹心照汗青"的文天祥之所以流芳百世，其原因正在于此。

（3）

好的理性还追求真善美。真善美不是外加于人的，就在人性之中。理性是我们对事物的认识和态度，认识是求真的，态度是向善的，本性是爱美的。求真、向善都很辛苦，爱美却是种享受，生活不能没有享受。好的理性生活既需要努力拼搏，也需要享受，全面满足人的需要。

科学、道德、艺术是理性生活的三座伟大殿堂，把我们的理性生活推向极致。

艺术讲包装，用假包装真，用美包装生活。齐白石的虾不能吃，是假的，可我们比真的还喜欢。徐悲鸿的马不能骑，是假的，可比真的还值钱。在艺术中假比真好，没有假便没有艺术。

一般动物没有包装，所以永远是动物。人讲包装，用情感包装利害，用理性包装本性，其实就是用人包装动物，动物装人。没有包装便没有人。包装是艺术，做人是艺术，不讲艺术做不了人。好的理性行动不仅是理性的高峰，也是艺术的高峰。

（4）

好的理性并不是另外的什么东西，它只是真正的理性。

知道了什么是好的理性以后我们就会明白，理性对本性的一切限制、控制、节制和约束，既是对本性的帮助，也是对本性的保护，使它免受环境伤害。好的理性是从根本上保护本性的。有好的理性的保护，本性不仅可以避免很多错误，而且可以始终保持着它应有的尊严。

好的理性帮助本性利己发挥到极致，是最大最好的利己。没有好的理性我们要追求它，有了好的理性我们要发扬它。追求好的理性要虚心，发扬好的理性要善于独立思考。

虚心是说，在我们之前我们的先人已经在理性的开发和利用上做出了辉煌的成绩。现在人类的知识如同汪洋大海，我们没有能力全面掌握，能掌握冰山一角就很好。我们这里所谓好的理性，只限于我们一般百姓的日常生活常识，九牛一毛而已。所以有病要找大夫，东西坏了要找厂家，很多事情不明白，得听权威和专家的。即使这九牛一毛的常识也是学来的，否则我们的理性建设也就无从谈起。我们从学习语言、文字到学习文化知识，一直都用"拿来主义"。拿来，拿来，没有知足的时候，你再"贪婪"也没有人责怪你。不仅不责怪，还可能对你格外期待，因为不知你是否会站到巨人的肩上。

要站到巨人肩上光拿来不行，还要独立思考。我们每个人都有一个自己的大脑，就是独立思考用的，这是造化赋予个人的能力和权力。学习别人的东西，也不是叫你盲目相信，而是要通过自己的验证。相信都是有条件的，是经过自己考虑符合实际、符合逻辑或经验的结果。信仰不须考虑，你说什么我都信，对我们陌生的领域恐怕也只好如此。但对我们已经熟悉的领域，绝对需要独立思考，而不可盲从。明明你自己都感到不对还盲目跟风，上当受骗了，这怨谁？只能怨你自己！

虚心好学，并且善于独立思考，是获得和保持好的理性所必需的条件，缺一不可。

好的理性不仅是好的认识，还是责任心和虚心。没有责任心和虚心，是担不起好的理性这副重担的。

（5）

人们一直认为"存天理，去人欲"是好的理性，"斗私批修"是好的理性。

"天理"是指当时社会的伦理道德，"人欲"是指本性利己。当时社会的伦理道德是封建社会的伦理道德，所以叫它"天理"，是想让它永存不朽。对"天理"这样，而对"人欲"正好相反，要消灭它。结果怎么样？想永存的没存住，要消灭的也没灭了。所谓的"天理"早已随着封建社会的瓦解而瓦解，被历史所抛弃；而本性利己却一直传到今天。

奇怪的是今天的人还不醒悟，还盲目地跟着"斗私批修"。

要说"天理"，其实真正的天理应该是本性利己。自然人的本性才是真正的天理，是天生的，别说消灭，连撼动都不可能。

或许有人会说，不是要看效果吗，"存天理，去人欲"和"斗私批修"都有效果啊。

是有效果，但不是单方面的效果，而是和"人欲"合起来的共同效果。因为"人欲"是块硬骨头，谁也啃不动它，不过碰到压力它也会收缩一下，以满足社会的要求，所以效果的一半是"人欲"的。如果没有"人欲"的"配合"，是不可能有效果的。

如果"人欲"是个软皮蛋，早就被消灭了，那可就闯大祸了！真正的天理给消灭了，那是大祸啊！

可见"存天理，去人欲"不是好的理性，于情不合，于理不通，不是小错是大错，应该用好的理性取代它。"斗私批修"也一样。

（6）

传统理性之所以错误，是因为它完全从表象看本性。社会要求利人，而本性利己，它就要予以消灭。这也太轻率，太肤浅了！应该问问：人为什么有本性？本性为什么要利己？利己是否就不能利人、不能为正义而奋斗和献身？这些都是认识本性的重要问题，只有真正弄明白这些问题以后，才有可能知道究竟应该怎样对待本性。

在这些问题尚未弄清之前，就断然对本性彻底否定，不误入歧途才怪。

理性是人性的关键，理性建设是人生最为艰巨的一件大事，而传统理性却再简单不过。它不是社会道德的宣传者和捍卫者，而是社会运转的打手和杀手。简单粗暴，蛮不讲理。名为理性却不讲理，是它最大的问题。它把精力全都用在"内斗"上了。我们知道夫妻吵架对孩子的成长有负面影响，人性"内斗"难道对"人"会没有负面影响吗？

单单为了消除负面影响，也应该抛弃传统理性，而用好的理性来取代它。好的理性究竟会创造出怎样的"人"，我们现在还不得而知，不过肯定会比现在和过去已有的"人"都好。只会更好，不会更差。

在期待好的理性创造新人之前，先要打破传统理性的一统天下！

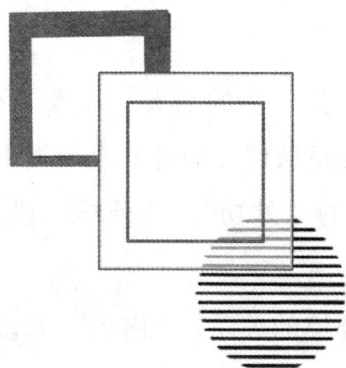

第十五猜 好的理性有"内功"

理性是本性在环境（社会）中的需要，需要在外，是"外功"。上一猜我们主要是从理性的外在表现提出的一些基本要求，是好的理性的"外功"。"外功"说了，现在该说"内功"了。

　　"外功"说的是理性与环境的关系，"内功"要说的是理性与本性的关系。

　　我们知道理性是指导本性的，也就是说，本性要听理性的。但是本性是动物天生的功能，要让它听命于外力，这种外力必须强过它才有可能。这就是说理性要指导本性，必须强过本性才有可能。否则，再好的理性也没用。理性必须强劲，这是本性听从理性的唯一条件。只要理性强劲，即使错了，本性也照听不误。本性是动物性，只服强劲，不管对错。

　　这和人不一样。人有理性，理性首先讲对错。所以当我们用理性指导本性的时候，首先要求的就是正确。如果理性不正确，不仅无用，反而有害。对人来说，正确第一。所以我们对理性的要求就是两点：一要正确，二要强劲。这是理性指导本性的必要条件，缺一不可。

谁都想有好的理性，可好的理性并不容易获得。正确与否受具体环境和当时社会认识水平的影响，已属不易，而强劲尤其难得。

比方本性要吃喝。人是杂食动物，荤素不拒，尤其喜欢美食。见有美食，垂涎三尺。可是囊中羞涩，也只有流口水的份儿。好的理性要控制住本性，再好吃的东西也要取之有道，不能抢也不能偷。在强烈的食欲刺激下，理性能控制住本性吗？

再比方本性好色。见美色而性起，控制住自己是理性的责任。理性有这种力量吗？理性虽然认为不应该胡思乱想，但是如果力度不够，也控制不了。如果美色的诱惑力很强，本性的力度会特别大，理性要控制它越发困难。

再比方本性贪婪。财富谁都喜欢，金钱总是越多越好，但是不义之财就不可取。如果有一笔不义之财，本性想取，理性予以抵制，两种力量形成拉锯态势，你强我就弱，你弱我就强。如果数目很大，又不为外人所知，诱惑力就会特强，本性也就特强。理性的力量够吗？如果不够，虽然觉得不应该，也无力阻挡本性。要想让本性一定听理性的，理性必须比本性更强。

再比方本性对不顺眼的人和事常常生气，甚至发火。虽然理性告诉它，生气是拿别人的错误来惩罚自己，可就是控制不了。理性确实到位，可就是制服不了它。在这种情况下，也只有强行压制住自己。如果实在压不住，也许可以换个环境，转移一下注意力，或者让时间慢慢化解——那可就不是理性的力量了。由此可见，对付本性还真不是一件容易事。

本性表现还有懒惰、嫉妒、仇恨、报复和虚荣等，你的理性都能一一驾驭吗？

驾驭本性需要理性强劲，但是理性强劲并不简单。理性要强劲，认识必须准确、深刻、透彻。而准确、深刻、透彻的认识谈何容易。比方吃喝，关于吃喝的知识你有多少？怎样吃喝才有利于健康？如果对此一无所知，吃喝也就成了仅仅满足动物性的饥渴而已。

需要特别指出的是，驾驭主要靠说服，也可以强制，目的是使本性听话，自觉服从。理之所以为理，原因正在于此。好的理性把自己控制不了的本性，看成是自己的修养不够。好的理性告诉我们，理性建设是人生最为艰巨的一件大事，必须下大功夫。

所有本性表现的目的都在利己，利己为生命所必需，只要不因利己而损人，理性就应该肯定它。但是怎样才能真正地利己，特别是在环境尤其是社会中怎样才能最大地利己？

好的理性首先要练好"内功"，约束好本性，能克己，懂自律。内功碰到的问题其实都是外部环境的问题。内功是基础，有了内功，理性才有能力对外。没有好的内功，不可能有好的外功。

理性要学，学是为了做，不光对人，更对自己，对人宽，对己严。好的理性不只是一种认识和态度，还是一种修养，一种品质，一种能力。理性修养，理性品质，理性能力，不仅靠多学勤学，更靠下笨功夫认真实践、身体力行、长期锻炼。学习也是修养，学无止境，修养无止境。

第十六猜 天理本性

本性利己是人的天性，为什么又说是天理呢？

　　其实我们前边一直在回答这个问题，现在不妨再回过头来重新梳理一下。

　　首先说什么是理。客观事物都有理，理是客观事物的内部秩序和规律。我们如果能够认识，我们的认识也叫理，对自然物的认识是自然理，对社会事物的认识是社会理。我们的认识不一定对，需要客观验证。经过验证的自然理就是天理，我们的本性应该就是。

　　明末清初的著名学者王夫之就认定本性是天理，他说："天无欲，其理即人之欲。"又说："私欲之中，天理所寓。"都肯定人欲本性是天理。

　　封建伦理道德是社会理，不是天理，当初叫它天理的用意是强调它的合理性和不可变性。可是结果怎么样，既不合理，该变还是得变。不仅封建伦理道德不是天理，连现代提倡的民主法治也不是天理，它们都是社会理。在人类社会中除了本性之外，自然科学是以自然物为研究对象的，就是追求天理的。

社会科学中没有天理，因为社会科学的研究对象是社会事物，还是叫社会理比较恰当。社会理虽然排在天理之后，可在人类社会它就是最高标准了。自然界的最高标准是自然理即天理，人类社会的最高标准是社会理。这是两个不同领域的不同标准，不能混淆。

那么对人和人性应该用什么标准呢？

人是动物，有本性。但他不是一般动物，而是社会动物，讲理性。两个标准他都占，很难分出主次。只是从社会角度看，人生活在社会，生老病死吃喝拉撒性都在社会，人是大社会中的小自然。社会性为大，自然性为小，人在屋檐下，不得不低头，所以人在社会以理性为主，本性为次。但是本性是天理，天理是无法更改和消灭的，理性啃不动这块硬骨头，本性想次也次不起来——这就是人性的麻烦，也是人性的特点。

虽然在社会上，本性要受理性的管辖，只要理性够强，本性就听它的，表现出理性行动来。但是本性并没因此而消失，而是在暗中"较劲"。

从表现上看，本性听话，身段柔软，可骨子里却没有任何改变，"柔中有刚"是它的突出特点。本性用这个特点来适应环境，保护自己，以不变应万变，万变不离其宗。

明里满足了社会的要求，暗里却决定了历史的脚步。理性不是很厉害吗？你能忠于社会，我能管住历史，看谁更厉害！

为什么本性这么厉害？

因为本性是天理，代表的是自然。自然界讲矛盾斗争、物竞天择，代表野蛮。社会讲秩序、和谐和道德，代表文明。理性既然代表社会，按说推动文明发展的就应该是理性，吊诡的是，文明发展背后的推手却是本性！

原来理性是文明的公开推手，本性才是背后的真正推手。

其实也不奇怪。人类崇尚文明，但究竟什么是文明？人类文明的发展是从忍饥挨饿的原始社会到奴隶社会到封建社会到资本主义社会的，这说明什么？不就是生活越来越好越来越自由吗？原来文明就是让人的自然本性得到更多更好的满足。不论是衣食住行，还是爱自由爱美，还是永不知足的贪婪，都是本性的要求。而理性是帮助本性的，所以就和本性一起推动文明的发展，一个在内一个在外，里应外合一起发力。

文明是人的文明，人的核心即本性的核心是利己，文明能不利己吗？

一个叫斯宾诺莎的犹太哲学家说："每一事物就它自身而言，总是竭尽全力保存自己的存在；事物用以努力保存自己存在的东西恰恰就是该事物实际上的本质。"

人最在乎的就是自己，谁都在乎自己，只是有人不愿承认就是了。自己是什么？自己是客观存在！连自己都不在乎的人，还能在乎别人吗？

人必须利己，利己是每个鲜活的个体生命的实实在在的需要。人不利己，如何生存？人最宝贵的就是生命，利己是生命的保护神。利己首先不是个人品质问题，而是保存个体和族群族类的天理。

问题在于，这个天理在现实生活中也有困难，现实困难是由于自然人与社会有矛盾造成的。比方两个利己互相碰撞就可能因利己而损人。不过这个问题不难解决，用理性限制一下就行了。利己可以，损人不行，利己必须以不损人为原则。限制利己恰恰是为了给利己创造一个好的环境，使之不受损害，你不损人，人也不损你。只有不损人的利己才是名副其实的真正的利己。

利己在社会碰到的另一个困难是，想要融入社会就必须利人。这个困难也不难解决。人本来就有心理平衡机制，你对我好，我也对你好，你利我，我也利你。如果再加上理性的帮助，利人也不是问题。

尽管问题可以解决，但还是让社会深感不快。社会的态度影响理性，于是理性就不加分析地认定本性利己是万恶之源，必须加以消灭。理性的这种态度既简单又粗暴！

本性利己能消灭吗？叫本性暂时不表现可以，可不表现不等于消灭，只要有条件它就非表现不可。再强的理性也不可能把本性消灭。

消灭本性的企图是不可能得逞的。仅从宋代"存天理，去人欲"到如今也有九百多年了。在这么漫长的岁月中，人的传承也超过三十代，客观效果一再提示我们，不可能就是不可能。但是人明白过来了吗？

随着达尔文的进化论学说被人们广泛接受，大家终于有了一个共识：人是高等动物！

这个共识非常重要，以此为出发点，很多问题都可迎刃而解。人既然是动物，又说他高，高在哪里？高在人有理性、按理性行动，人是理性动物。但是理性不是天生的，而是后天学来的，人是后天做成的，是动物学做人，动物装人。表现本性的时候是动物，表现理性的时候才是人。人永远是动物，却不一定永远是人。可见人有两个自己，一个是动物，一个是人。这就是人的全部事实真相。没有多深的学问，只需勇于面对事实就够了。虽然只是粗线条，却是人和人性的大框架，是任何精细描述所不能违背的。

理性不能消灭本性，只能以本性为基础，把自己建立在它之上。人不能消灭自己的身体，只能让大脑理性化，以此来驾驭身体。

对此恩格斯说得再明白不过："人来源于动物界这一事实已经决定人永远不能完全摆脱兽性，所以问题永远只能在于摆脱得多些或少些，在于兽性或人性的程度上的差异。"

如果我们承认人来源于动物界这样的事实，还会对本性采取敌对态度吗？那岂不是自找麻烦，自己跟自己过不去吗？"兽性"即本性，"人性"即理性。"兽性"是基础，把"人性"建筑在它之上。作为上层建筑的理性再自我感觉良好，也不会自己拆自己的台，除非它有病。

理性是我们对客观事物的认识，应该保持客观，不带任何主观色彩，我们对本性的观察就是这样。理性不能违反自然，而"存天理，去人欲"却公开与自然为敌，颠倒是非，混淆黑白，把不是天理的封建社会伦理道德说成天理，却要把自然人欲这个真正的天理打到十八层地狱去。这算什么理性，不是有病是什么！

既对社会态度随声附和人云亦云，又对本性没有根本认识，就贸然与本性为敌。而对屡屡显示给它的客观效果又熟视无睹、麻木不仁，还愚蠢地以低搏高。这是理性的怠惰和失职！像这样不负责任的理性，难道不应该否定和抛弃吗？

简单粗暴地对待本性，是对生命的大不敬！天理不可违，反天理的认识站不住脚，早就该把它抛到垃圾堆里去了，不能让它再继续为害！不知道敬畏生命和天理的错误理性应该彻底抛掉，让真正的理性站出来，让好的理性站出来，把天理本性解放出来，让人解放出来。

传说上古时天下洪水泛滥，大禹的父亲鲧用围堵的办法治水失败被杀，大禹改用疏导的办法获得成功。我们应该从这个故事得到启发。俗话说：人往高处走，水往低处流。水往低处流尚且需要疏导，人向高处走为什么反而要围堵呢？难道不可以引导引领吗？围堵的方法已经失败，就该改变做法，对本性进行引领。

真正的理性在哪里？好的理性在哪里？

好的理性认为，利己既已限制在不损人的范围内，只需加以引领就可以了。好的理性认为本性与社会是一致的，没有根本矛盾。好的理性能辨认社会的好坏，帮助人在社会上有好的表现。好的理性认为利人就是利己，认真履行自己的责任就是最大最好的利己。好的理性是真正的理性，既是对本性的帮助，也是对本性的保护。

如果本性是天，那么理性就应该是人，好的理性追求的是"天人合一"。而"存天理，去人欲"却一厢情愿地企图以人灭天，是大逆不道，天理难容！

由于传统理性对人性的肆无忌惮的践踏和蹂躏，

"人"早已荒腔走板，危机四伏。好的理性是人的救星，在好的理性的帮助下，利己可以发挥出自己最大的潜能，从根本上提高"人"的素质，成为最出色的社会人！

不能让错误理性再继续下去了，应该用好的理性取代它。斗私批修不是我们的任务，我们的任务是学习和建立好的理性。

有了好的理性，社会就会明白，本性是它的根，它不应该忘本，敌视和排斥本性是一件多么愚蠢而荒唐的事。应该用好的理性取代过去的错误，从根本上改善社会与本性即个人的关系，使它们和谐相处，共同发展。只有在好的理性的帮助下，天理本性才能赢得它在社会应有的地位。

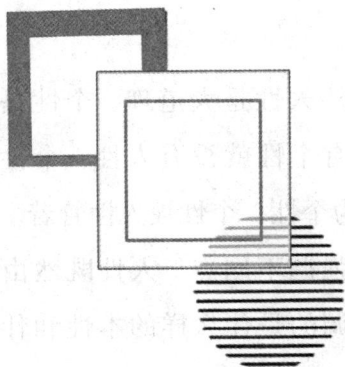

第十七猜 个性

人性在个人表现为个性。人性是大道理，个性是小道理。人性寓于个性中，没有个性就没有人性，个性是人性的最小单位。人性表现为个性，个性被人性管着。

人性强调共同点，个性强调不同点。人性既然由本性和理性构成，那么个性强调的是什么样的本性和什么样的理性所构成的什么样的人性。

本性是一样的，顶多有程度上的不同。理性却各有不同，宏观上大同小异，微观上大异小同。全世界的大道理都一样，小道理却各有不同。人类有共同的大道理，各个国家各个民族又有各不相同的小道理。同一个社会是一个大道理，小道理却人各不同。

人各有理，有多少理就有多少个性。本性和理性的同与不同都表现在个性上。

由此看来，个性是由大不相同的理性再配上可能只是程度上稍有不同的本性组成的。本性是基础，理性是关键。当理性强于本性时，决定个性的是理性行动；当本性强于理性时，决定个性的是本性行动。

　　我们的理性实际上是个理性群，包括无数个理即认识和态度，每个态度都有相应的本性为基础，如利人的基础是利己，劳动的基础是懒惰等。理性群是"散装"的；本性则不然，本性表现虽然很多，却都是利己的表现，都归利己管。

（1）

　　当本性强于理性时，由于理性太弱，本性有可能充分表现。如果利己走向极端，其表现就是极端自私自利，平常我们叫"吝啬鬼"。全世界的吝啬鬼都一样，不管是法国的葛朗台，还是俄国的泼留希金，顶多有时代和地域所赋予的色彩不同。我国不是也有"拔一毛而利天下"都不肯为的主儿吗？所以我们读来才会感到似曾相识，并不陌生。

　　这种情况既有可能是因为理性太弱，也有可能是因为他们的理性认为人就应该自私自利。所以他们利己的极端表现，也可能正是他们理性的表现。尽管这种理性和一般动物性没有多大不同，可毕竟也是一种理性，最差（不一定弱）的一种。

　　这不奇怪，因为本性是理性的基础和载体，它不可能对理性没有影响，于是就出现了本性化的理性，理性向本性举手投降了。这就是说，理性既然以本性为基础，就不可能不受本性的影响，程度不同而已。可见自私的原因，不是由于理性太弱，就是由于理性受本性影响太重。

（2）

既然有本性化的理性，也就该有理性化的本性。什么是理性化的本性呢？

"人生自古谁无死，留取丹心照汗青"是什么意思？前一句是不怕死，后一句就是利己，是为利己而不怕死。也就是"杀身成仁""舍生取义"。也就是为人民、为祖国、为正义、为真理而死。

传统观念认为本性和理性是完全对立的，要理性就不能要本性，理性要利人就必须消灭本性利己，不消灭利己就不可能利人。于是就有"心里装着百姓，唯独没有他自己"的谎言满天飞。

事实证明这种认识多么荒谬！好的理性不仅不与本性为敌，反而要帮助本性，把本性推向理性的高度。在理性强于本性的情况下，理性能走多远，本性就能跟多远，有什么样的理性行动（被动除外），就有什么样的本性。

从吝啬鬼到顶天立地的英雄好汉，本性都可容纳，这就是本性的胸怀。本性的胸怀犹如大海和天空，这难道不是天理的本色吗？

不错，本性之所以有这种胸怀，是理性开拓的结果，是由理性造成的。可从另一方面来看，不管理性开拓到何等程度，如果没有本性的合作，有用吗？所以不能排除本性的功劳。理性的能力，本性的胸怀，造就了全世界的个性！

（3）

人生是多方面的，有生活，有工作，有兴趣爱好。生活、工作、兴趣爱好都是多方面的，因此个性表现是综合性的。综合性的个性有多项，有强有弱，而强项最有代表性。平常我们说谁热心，谁本分，谁能干，谁多才多艺，都是指的他们个性中的强项。众人诸多强项中的出类拔萃者，被称为"精英"。

精英不必样样都好，有一样突出就行。因为人的能力有限，谁都做不到样样都好，连圣人也不行。有一样突出就很厉害了，不过两样、三样也不是没有可能，那就更了不起！最要紧的还不是这个，而是除了强项之外，弱项也不可太差。如果弱项太差，弄不好也会把强项抵消。

精英个性（或个性精英）各行都有，无论是政治、文学、科学，还是体育、艺术、工艺、手艺等各行各业都不乏出类拔萃者。

古人相信"上智下愚"，有"生而知之者"，现代人没有多少人还相信这一套，精英都是后天努力的结果。连中国的大圣人孔子也说他是后天学出来的。只是由于人们的格外崇拜，往往将他们"神化"。

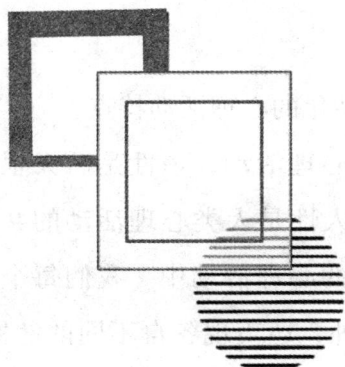

第十八猜 性格

第十八猜 性格

性格是个性之外的最个性化的心理活动特点。

本性是先天对外需要的心理活动，理性是后天根据环境要求养成的心理活动，人性是人类心理活动的共同特点，表现于每个个性独特的心理活动中。我们每个人的心理活动除了表现个性之外，还表现各自不同的性格。性格不同的主要原因是个人心理反应特点不同，也包括胆量、意志、习惯等方面的不同。

最常见的一些性格表现有以下几种：

心的粗细。其实就是注意力的品质。注意力贵在集中而不分散，而集中又贵在持久。好的注意力要求心细，明察秋毫。反之，注意力集中不起来，即使偶尔集中也不持久，就是心粗。心的粗细直接影响我们的理和理性的质量。

心的宽窄。就是心的容量。一般说来当然心宽好，所谓宰相肚里能撑船。心宽的人不计较，能容忍，能宽容，能团结人，心情平和、愉悦、健康。但是宽大无边也不好，连大海也有边，何况人心。宽大无边会失去原则。原则讲是非，讲底线，来自理性。理性都不要了，还是人吗？

脾气的急慢。实际上是心理反应的快慢。脾气急的人心理反应快，叫急性子，行动起来说干就干，雷厉风行，可由于缺乏深思熟虑，也容易出错。脾气慢的人心理反应慢，叫慢性子，谨小慎微，唯恐出错，轻易不敢采取行动，也容易误事。

执着与灵活。是意志力在行动上的表现。有人认准一条道走到底不回头，赞成的称之为执着、坚强、有毅力，反对的说成是顽固、保守、死硬派。有人这条道不好走就再换一条，赞成的称之为灵活、机动，反对的说成是滑头、软骨头、投机、机会主义。

胆量的大小。"怕"是我们的自我保护机制，面对危险和不利谁都怕，只是程度不同。胆量的大小是比较出来的，好坏也没有一定。胆大就一定好吗？胆大的人在战场上可能是英雄，如果做官或管钱则可能成为贪污犯。

内向和外向。可能只是一种习惯，是说心理活动是习惯于敞开还是封闭。敞开是外向，封闭是内向，以半敞半闭居多，不过偏向不同。

乐观与悲观。主要来自个人的人生观和世界观的最终趋向。

从以上所列举的这些性格表现中我们可以看出，心的粗细可以直接影响理和理性的质量，心的宽窄对理性也有影响。除此之外性格对人性好像并没有多少直接影响，更多的是影响个性，直接影响个性，通过影响个性间接地影响人性。

性格与个性很难分开，但性格不是个性，不能独立，只能附着于个性，服务于个性表现，是个性的补充。只要个性表现出来，性格就会影响它，不是强化就是弱化，不是助力就是阻力。性格虽不是个性，却可以影响个人（个性）的成败，很多人的成功就成功在性格上，很多人的失败也失败在性格上。性格的好坏在表现，表现看效果，好的性格以成事为原则，应该成事而不败事。每项具体性格都看用来干什么，性格本身没有好坏，好坏只看成事还是败事。任何性格都可能成事，只是几率的高低不同，成事几率高的我们叫它好性格，成事几率低败事几率高的我们叫它坏性格。

性格常常需要互补，好性格多半需要综合运用，讲究搭配。如急性子的人做事要沉着，慢性子的人做事要果断，度量大的人要有底线，胆大的人需要细心。粗心和脾气暴的人容易坏事，需要胆小来弥补。

性格虽然是先天的，后天的运用和锻炼更重要，不可忽视。坏性格通过锻炼也可以变好，好性格尤其需要锻炼才能养成和加强。了解自己的性格，充分发挥它的优势，会事半功倍地帮我们成事。

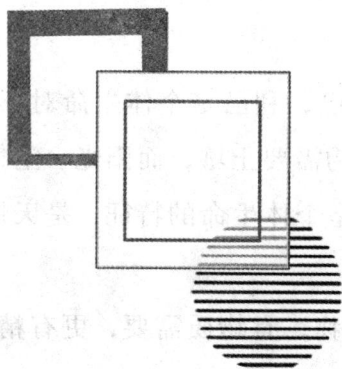

猜定打包

1. 人是动物，动物都利己，利己是个体生命对环境的需要。动物需要食物，植物需要土壤，而阳光、空气、水是生物的共同需要。利己是个体生命的特征，是天性，是无法改变和消灭的。

2. 人是讲文明的理性动物，有物质需要，更有精神需要。利己在社会生活中表现为本性。

3. 人首先有动物性本性，如吃喝、好色、爱财、懒惰、贪婪、玩（娱乐）、报答、报复、爱恨、怕苦怕死等；也有社会性本性，如虚荣心（荣辱心）、向上爬、骄傲、嫉妒、羡慕、同情心、正义感、良心等。另外还有选择性本性，爱美、兴趣等。其实利己就是趋利避害，就是选择，本性就是选择。

4. 人是社会动物，是动物装人，动物学做人，人的终生都在学做人的过程中。做人的关键是用理性指导本性，只有按社会认可的理性行动，社会才承认他是人。

5. 我们生活于环境中，环境即客观事物，都有理。

理是事物的内部秩序，事物的规律和原因，如果不被我们认识，便是永远的秘密。我们所说的理，是我们对事物的认识和态度，不一定对，需要客观验证。

6. 理的运用是理性。理性是文明的载体，学习理性就是学习我们先人所创造的文明。

7. 本性是基础，理性是上层建筑，理性为本性服务。理性是种眼光，能够看到事物的本质，看到长远，教人按客观规律办事，按规矩办事。

8. 获得理性的方法，一是个人经验，是根本的；二是接受教育或看书学习别人的现成经验，更便捷有效，不过需要客观验证。

9. 学习有好坏，认识有深浅，理性有高低对错。理性建设是人生最艰巨的一件大事，需要终生努力。

10. 我们对事物的认识是能力，态度是德行。德行驾驭能力，德才配套，行稳致远。才大德浅，才德失配，容易翻车。

11. 注意力、记忆力、思维力和悟性等心理素质，是构成理的先天因素，是我们的心理矿藏，有待后天的开发。另一份心理矿藏是本性，都深不可测。

12. 我们都相信自己的理和理性，自以为正确，自以为是，是自我的核心。

13. 人们互相间因理性相同而亲近，相异而疏远。

14. 人有两个身份：靠自然力量成长起来的是自然人，是动物；受社会文明影响和改造并得到社会认可的是社会人。

15. 人有本性和理性两个自己，永远是动物，却不一定永远是人。只有在理性管住本性时才可能是人，管不住就是动物。

16. 本性利己，社会要求他利人，理性就教他为利己而利人。理性还教人"推己及人"——你想让人怎样待你，你就怎样待人——帮人融入社会，从"小我"变成"大我"。

17. 理性行动反映了人的精神面貌，有什么样的理性行动就是什么样的人。

18. 我们需要什么爱什么，需要就是爱。利己因被满足而心生感激，就回报以爱。如果不是利己而是害己，则生恨。爱恨是情，情是两面一体的。

19. 情是动力，是行动的原因，行动是情的结果。情发自本性，本性要行动就是欲望，就是情。有什么样的本性就有什么样的情，本性是情的大本营和根据地。

20. 相信也是情，越坚信不疑，情也越深，理性情来自相信。用情支配行动的力量叫意志。理性意志通过锻炼可以变得更强，对我们有重要意义。理性因有情和意志而有力量去干预本性表现。

21. 本性情即人情，常被看成高于一切，其实它只高于动物情，而低于理性情。

22. 理性情干预本性情，可以把本性情改造为理性情和行动。实际上是用理性行动涵盖本性，把本性的作用限制在理性行动中，使理性行动不单纯是理性，还内含本性。

23. 这种理性行动是说，社会不允许本性原汁原味地表现自己，它必须接受当时社会文明的改造和洗礼，其实就是包装。

24. 理性行动有能力改造本性的所有表现，使之为善不为恶。可见本性表现不好的责任不在本性，而在理性。

25. 理性行动也可以直接从理性出发，不涵盖本性，是纯粹的理性。人虽有私，做事却可以大公无私。这样的理性行动也使机器取代人成为可能，让人的能力得到空前的发展。两种理性行动两个用途，一个帮助本性融入社会，一个帮助人从环境争取更多的自由。

26. 动物只有一个本性动力。人有两个动力，一个本性原动力，一个理性现动力。理性现动力要有条件，是根据条件采取适当方法的行动，可以保证行动的成功率。人也可以只用一个理性动力，直接从理性出发。

27. 理性要求按客观规律行动，就是发挥主观能动性，从被动争取主动。有条件上，没有条件创造条件也要上，是最大的主观能动性。不过创造条件也要有条件。

28. 有什么条件就有什么理性，条件决定理性。如果理性对条件有足够认识，并有对付它的方法，那么理性也可以决定条件。

29. 条件是客观存在，一般情况下没有绝对的好坏。坏条件也可以使人变好，好条件也可以使人变坏，关键只在理性。条件的好坏是一方面，理性是更重要的另一方面。

30. 好人是现有条件中的好人，换个条件未必就好。坏人也是现有条件中的坏人，换个条件未必就坏。如果事实已定，没有"如果"。

31. 凡是没有经过现实考验的能力和品质，想得再好也不可靠。缺乏自知之明，过高估计自己，不是哪个人的缺点，是人的通病。

32. 习惯行动因一再重复而使感觉消减和迟钝，可以强过本性，比本性还本性。好习惯无异于给本性注入正能量。

33. 人与人之间因有利害而有关系。人际关系的核心和实质是利害，情是利害的包装和表现。

34. 利害是硬性存在，情是软性的心理倾向。"趋利避害"是生命个体的选择，是生命对动物尤其是人的特别恩赐和关照。利在当时，情在长远，更适合人的心理需要，所以人也常把情看成头等重要。

35. 本性在社会有可能因利己而损人，所以利己必须以不损人为原则。在理性的帮助下，我不损人，人不损我，这才是真正的利己。

36. 社会由个人构成，社会秩序由本性和理性共同构成。本性是维护社会秩序的重要力量，也是推动社会发展的根本动力。社会不应"忘本"。

37. 优势互补，人己两利，先人后己，是个人与社会的正常关系。

38. 所谓克服缺点，理性缺点可以克服，本性缺点克服不了，只能用理性行动包装。理性可以帮助本性表现合理，却不能从根本上取消或改变本性。

39. 好的理性帮助本性，和利己是一致的。它把利人看成利己，把履行责任看成是最大最好的利己。好的理性要求本性在任何条件中都有好的表现。好的理性是真正的理性，需要下大功夫养成。

40. 好的理性追求真善美。科学、道德、艺术是我们理性生活的三座伟大殿堂，可以帮助我们把利己推向极致。

41. 艺术讲究包装，用假包装真，用美包装生活。人也讲究包装，用情感包装利害，用理性包装本性，用人包装动物。没有包装便没有人。包装是艺术，做人讲艺术，不讲艺术做不了人。

42. 好的理性不仅要有"外功"，还要有"内功"，就是对内要强过本性，只有这样才能驾驭本性。驾驭靠的是说服，也包括强制，使本性自觉服从理性。好的理性不仅是简单的认识和态度，更是一种修养、品质和能力。

43. 人把理性贡献给社会，用本性推动历史，让理性和本性一起促进文明发展。

44. 人性在个人表现为个性，人性强调共同点，个性强调不同点。个性说的是什么样的本性和什么样的理性构成什么样的人性。当本性强于理性时，决定个性的是本性行动；当理性强于本性时，决定个性的是理性行动。

45. 本性胸怀宽阔，理性不论走多远它都能容纳并跟上，理性的能力加上本性的胸怀，成就了天下所有个性。

46. 个性是综合性的，其中的强项最能代表个人。出类拔萃的强项被称为"精英"，也只是某个方面突出，不是一切方面都好，再厉害的精英也不是神。

47. 性格是指个性之外的最具个性化的心理活动特点，如心的粗细和宽窄、脾气（心理反应）的急慢等。性格服务于个性表现，影响成败，好坏看效果。好性格一般不走极端，讲搭配，如胆大配心细。性格的基础是先天的，后天的锻炼和养成更重要。

48. 宋代理学家提出的"存天理，去人欲"，颠倒是非，混淆黑白，破坏了理性与本性的正当关系。现代的"斗私批修"，也与它一脉相承。封建社会的伦理道德不是天理，天理只能是人欲本性利己。如果利己是天，理性就应该是人，真正的理性追求"天人合一"，而"存天理，去人欲"则妄想以人灭天。

49. 传统观念让理性与本性为敌，自己要消灭自己，没有比这更愚蠢的了！理性的责任不是消灭本性，而是帮助和管住本性。

50. 社会苛责本性而放纵理性。越是本性没有责任的越要让本性负责，越是理性应该也能够负责的越不叫理性负责。放纵理性的后果，必然导致理性建设的被削弱和社会道德的滑坡。

51. 纯粹的理性行动使自然科学得以迅猛发展，而社会科学由于不能正确对待本性，发展滞后，遂使人类理性呈现畸形发展状态。自然科学已有能力毁灭人类，而社会科学却无力保护人类，人类出现严重的生存危机。

52. 化解危机的根本办法就是改造人性，改造理性，用好的真正的理性取代传统理性。